JN175611

草の辞典

野の花・道の草

著／森乃おと
イラスト／ささきみえこ

雷鳥社

はじめに *Introduction*

春夏秋冬、何気なく通り過ぎていく野や道ばたでは、草たちがつるや茎を伸ばし、花を咲かせ、やがては枯れてゆき、また新しく芽を出しています。言葉もなく、ただそこに生きています。

けれど、よくよく見つめてみると、どの草の花も、思わぬ美しさを秘めていることに気づかされます。目立たないイネ科の花たちだって、個性的な風情にあふれています。同じ種類の草も、生育する場所によって姿や大きさは、十人（草）十色。さまざまな声で、私たちに語りかけてくるのです。

そんな野の花や道の草と親しくなれば、私たちの生活はもっと豊かになり、きっと優しくあたたかな気持ちになれることでしょう。

「雑草とは何か。その美点がまだ発見されていない植

物である」とは、アメリカの作家・哲学者のラルフ・ウォルド・エマーソンの言葉です。

この本では、散歩道でよく見られる草花193種を、取りあげています。なかには、少し珍しくなったものもありますが、それだってきっといつかは、私たちの周りに戻ってくると信じています。

193種にはそれぞれの花言葉を載せています。花言葉を知ることで、今までとは違ったイメージが広がるかもしれません。

第二章では、花や草にまつわる美しい言葉を集め、コラムでは食べたりお茶にしたり、花飾りにしたり、五感を使っての楽しみ方を紹介しました。　第三章では薬草・毒草をまとめています。

古今東西、人間と草たちとの関わりの、深い歴史の一端に触れていただけましたら幸いです。

目次 *Contents*

夏 Summer

植物用語 *Plant term*

花の仕組み

a **花弁（かべん）** 花びらのこと。

b **雌しべ（めしべ）** 種子を作る雌性の器官。柱頭（ちゅうとう）、花柱（かちゅう）、子房（しぼう）からなる。

c **雄しべ（おしべ）** 花の雄性生殖器官。葯（やく）と花糸（かし）からなる。

d **萼（がく）** 花の最も外側にある器官。数枚からなり、緑色の葉状をしているものが多い。

e **花柄（かへい）** 先端に花をつける柄の部分。

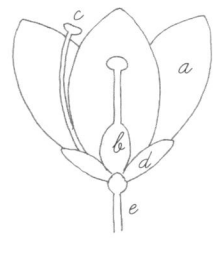

a **頭花（とうか）** 小さな花が茎の頂上に多数集まり、一つの花のように見える花序のこと。主にキク科の花。

b **舌状花（ぜつじょうか）** 花弁の先端が片方に大きく伸びて広がっている花。タンポポは、頭花すべてが舌状花。

c **筒状花（つつじょうか）** 花弁が筒状になった花。**管状花（かんじょうか）** とも。アザミの頭花は筒状花のみからなる。

d **花茎（かけい）** ほとんど葉をつけず、先端に花をつける茎のこと。

e **根（ね）** 水中や地中に伸び、植物を支え、水・養分を吸収する。

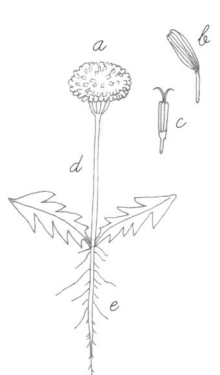

花冠（かかん） ガクの内側にあって、雄しべ雌しべを保護する器官。花びらが集まってなる。唇型など、さまざま。

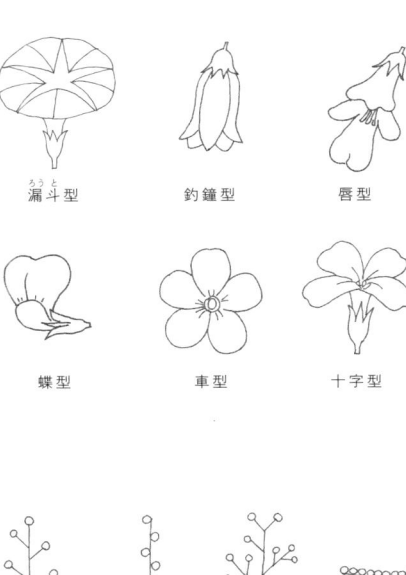

漏斗型（ろうと）

釣鐘型

唇型

蝶型

車型

十字型

花序（かじょ） 花の配列様式のこと。花の房（ふさ）。花軸（かじく）から花柄が分岐する。頭状花序などがある。

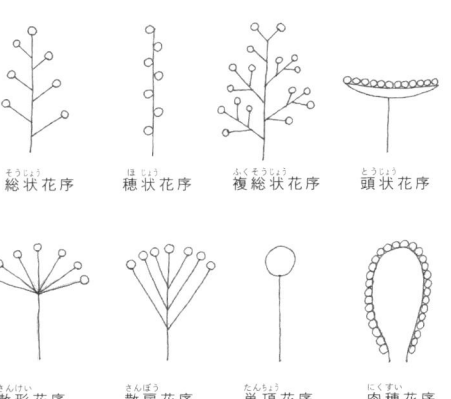

総状花序（そうじょう）

穂状花序（ほじょう）

複総状花序（ふくそうじょう）

頭状花序（とうじょう）

散形花序（さんけい）

散房花序（さんぼう）

単頂花序（たんちょう）

肉穂花序（にくすい）

葉の仕組み

a　葉身（ようしん）　葉の主要部分。表皮と葉肉と葉脈とからなる。

b　葉柄（ようへい）　葉の一部で、葉身と茎を繋ぐ棒状の部分。

c　托葉（たくよう）　葉柄のつけ根付近に生じる小さな葉。通常、一対。葉柄や托葉は、植物の種類によって、あったりなかったりする。

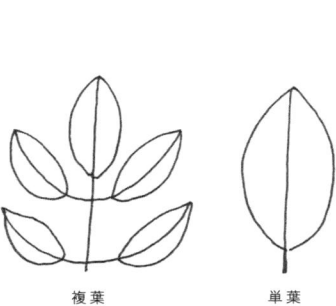

単葉（たんよう）　1枚のみの葉身よりなる葉。最も普通な葉の形。

複葉（ふくよう）　葉身が2枚以上の部分からなる葉。掌状複葉（しょうじょうふくよう）、羽状複葉（うじょうふくよう）などがある。

複葉　　　　　単葉

葉形のいろいろ

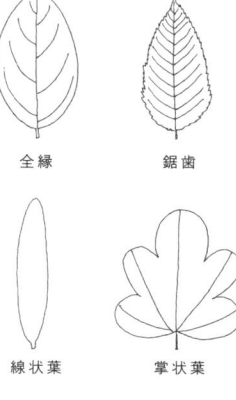

全縁

鋸歯

線状葉

掌状葉

鋸歯（きょし）　葉の縁に、のこぎりのような細かい切れ込みがあるもの。

全縁（ぜんえん）　葉の縁に切れ込みがなく、すべらかなもの。

掌状葉（しょうじょうよう）　手のひらのように裂けた葉のこと。

線状葉（せんじょうよう）　細長く平べったい葉のこと。

葉のつき方

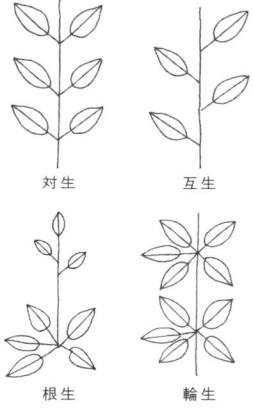

対生

互生

根生

輪生

葉序（ようじょ）　茎に対する葉の配列様式のこと。節につく葉の枚数よって、互生、対生などに分かれる。

互生（ごせい）　1枚の葉が、茎の一つの節に、互い違いにつくこと。

対生（たいせい）　2枚の葉が、茎の一つの節に、向かい合ってつくこと。

輪生（りんせい）　3枚以上の葉が、茎の一つの節に、輪のようにつくこと。

根生（こんせい）　植物の葉が根ぎわから出ること。ロゼット葉。

Part

1

Spring

春

スミレ

菫 *Viola mandshurica*

スミレ科　日本全土に分布

別名	相撲花・本スミレ・マンジュリカ
花期	4〜5月

"スミレ"は小さな春の女神。古今東西、人々に愛されてきた。日本で普通"スミレ"と呼ばれるものは、学名 viola mandshurica。野や都会の片隅で、濃い紫色の花を、下向きに咲かせる。草丈10〜15cmほどで、葉はへら形。先が丸い。科名属名の"スミレ"とまぎらわしいため、"本スミレ"とも呼ぶ。

小さな愛・小さな幸せ

タチツボスミレ
日本で最も見られるスミ
レ。葉がハート型

ツボスミレ
花は小さく、白色。紫の
ストライプが入る。ニョ
イスミレともいう

ヒメスミレ
本スミレに似ているが、とて
も小さい。二等辺三角形の葉
が特徴

ナズナ

薺

Capsella bursa-pastoris

アブラナ科　日本全土に分布

別名　ぺんぺん草・三味線草

花期　4〜6月

春の七草の一つ。畦道や道ばたに生える。草丈20〜30㎝で、小さな白い十字花を、次々と咲かせる。花の下の平たい三角形の実が、三味線のバチに似ている。実を茎から引っ張ってブラブラさせ、くるくる回す。ぺんぺんと音がする。

私のすべてを捧げます

タネツケバナ
種漬花
Cardamine scutata

アブラナ科　日本全土に分布

別名　田芥子（タガラシ）

花期　3〜6月

昔この花が咲く頃、イネの種モミを水に漬けて、田植えの準備をした。草丈は10〜30cm。ナズナに似た白い花が可愛らしい。水辺を好む水田雑草の一つ。葉や茎を噛むと、ピリッと辛い。

果実は天を向き、何かが触れると、音を立ててはじけ飛ぶ。

不屈の心・勝利・父の失策

イヌガラシ

犬芥子
Rorippa indica

花期　5〜8月

アブラナ科　日本全土に分布

どこにでも生え、5mmほどの小さな黄色い花をつける。草丈は10〜50cm。畑にとっては、やっかいな雑草。イヌガラシの〝イヌ〟は、「カラシナに似るが、役に立たない」ことを表す。

花　品格・恋の邪魔者

ムラサキハナナ

紫花菜 *Orychophragmus violaceus*

別名　オオアラセイトウ・諸葛菜
花期　3〜5月

アブラナ科　中国原産

野や土手に群生し、菜の花の黄と競い合うように、一面を紫色に染める。草丈は30〜80cm、花径3cmほど。別名が多く、シキンソウ（紫金草）とも呼ばれるが、オオアラセイトウ（大紫羅欄花）が公式。中国では、野菜として栽培される。諸葛孔明が広めた、という伝説もある。

❀　知恵の泉・優秀・仁愛

セイヨウタンポポ

西洋蒲公英
Taraxacum officinale

キク科 ヨーロッパ原産

別名　鼓草・乳草（チチクサ）

花期　5〜8月

野原や道ばたで、黄色い太陽のような花を咲かせる。和名は、鼓を叩く音の「タン・ポポ」に由来するとも。普段多く目にするのは、セイヨウタンポポ。英名の "ダンディライオン Dandelion" は、ギザギザした葉を、ライオンの歯に例えたもの。

真心の愛・明朗な歌声・別離

ニホンタンポポ

カンサイタンポポ、カントウタンポポ、シロバナタンポポなどがある。近年、ニホンタンポポとセイヨウタンポポの雑種が増えている

ニホンタンポポとセイヨウタンポポの見分け方

総苞（ソウホウ）という、花の下のガクのような部分に違いがある。セイヨウタンポポは端が下に反り返る。ニホンタンポポは、上に向かって覆うようにつく

セイヨウタンポポ　　　ニホンタンポポ

ブタナ

豚菜 *Hypochaeris radicata*

別名　タンポポモドキ

花期　6〜9月

キク科　ヨーロッパ原産

　最後の恋

かわいそうな名前は、フランス語の"ブタのサラダ"を直訳したもの。道ばたや空き地などで群生し、辺りを黄に染める。タンポポによく似ているが、30〜60cmの花茎が途中で数本に枝分かれし、それぞれの頭に径3cmほどの花を咲かす。原産地では、ハーブとして食材とされる。

コオニタビラコ
春の七草、ホトケノザ（仏の座）
のこと。別名タビラコ。

オニタビラコ

鬼田平子
Youngia japonica

キク科　日本全土に分布

花期　4〜10月

❀　想い・仲間と一緒に

花は6㎜前後で小ぶりだが、〝タビ
ラコ〟より大柄なので、鬼の名がつ
いた。それが、本家タビラコの方が
小鬼と呼ばれるようになり、ややこ
しい。花は似るが、別の属で別種。
「鬼」の方はおいしくない。

イワニガナ

岩苦菜
Ixeris stolonifera

キク科　日本全土に分布

別名　地縛り（ジシバリ）

花期　4〜5月

野や道ばたで、2cmほどの黄花をつける。つる状の茎（ほふく枝）が伸び、地面を縛るようにして広がるため、"地縛り"とも。引き抜いても残った根から、さらに広がる。雑草としては手ごわい。

束縛・いつもと変わらぬ心

オオジシバリ
イワニガナより大きい

ハハコグサ

母子草 *Gnaphalium affine*

キク科　日本全土に分布

別名　御形（ゴギョウ、オギョウ）

花期　4〜6月

春の七草の一つ。散歩道で普通に出会
える。草丈は10〜30cm。茎の先端に黄
色の小さい花が、つぶつぶと固まって
咲く。柔らかい白い毛が茎や葉に密生
し、母のように優しげであたたかい。
食用となり、昔は草餅に使われていた。

無償の愛・切実な愛

ノゲシ
野罌粟 *Sonchus oleraceus*

キク科　日本全土に分布

別名　ハルノノゲシ・ケシアザミ
花期　3〜10月

温暖ならば真冬でも、世界中いつで
もどこでも咲いている。コスモポリ
タンな雑草。葉にトゲがあるが、触
れても痛くない。タンポポのような
黄色い花を咲かせ、白い綿毛をつく
る。ヨーロッパでは、古くからノゲ
シ料理を食べ、茎の乳液から調合し
た化粧水を使っていた。
和名に「ケシ」とあるが、別系統。

旅人・見間違ってはいや

ノアザミ

野薊　*Cirsium japonicum*

花期　4〜8月

別名　トゲグサ

キク科　日本全土に分布

アザミの仲間は秋に咲くものが多いが、ノアザミは春咲き。日本の固有種。日当たりのよい草地に生える。淡い紅紫色、ときには白の頭花をつけ、細長い筒状の花をたくさん咲かせる。葉の縁に小さなトゲが多くあり、触れると痛い。アザミはスコットランドの国花。

私をもっと知ってください・権利

ハルジオン
春紫苑
Erigeron philadelphicus

キク科　北米原産

別名　大正草・貧乏草
花期　4〜6月

道ばたや空き地で、白やピンクの2cmほどの花を咲かす。草丈は30〜80cm。日本には、観賞用として渡来。昭和時代、関東を中心に雑草として広まった。和名は、春に咲くシオン（紫苑）の意。荒れ庭に生えることから、"貧乏草"の名も。

❀　追想の愛

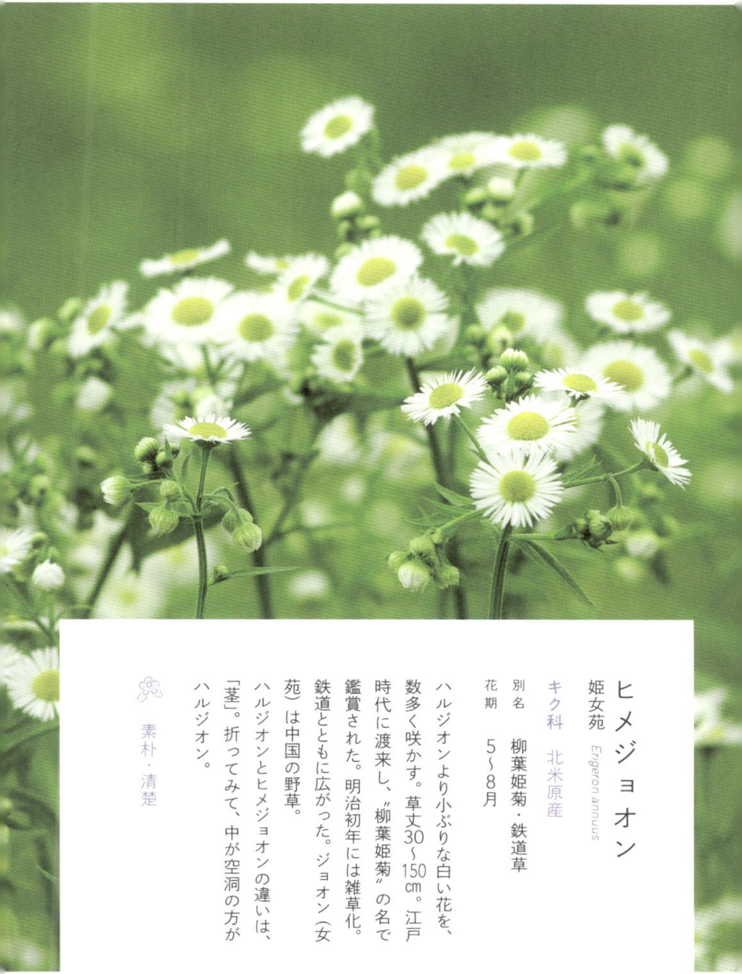

ヒメジョオン

姫女苑 *Erigeron annuus*

キク科　北米原産

別名　柳葉姫菊・鉄道草

花期　5～8月

ハルジオンより小ぶりな白い花を、数多く咲かす。草丈30～150cm。江戸時代に渡来し、〝柳葉姫菊〟の名で鑑賞された。明治初年には雑草化。鉄道とともに広がった。ジョオン（女苑）は中国の野草。

ハルジオンとヒメジョオンの違いは、「茎」。折ってみて、中が空洞の方がハルジオン。

素朴・清楚

フキ 蕗 *Petasites japonicus*

花期　3〜5月

キク科　日本全土に分布

冬の名残が去らぬ頃。春の使者が、ひょっこり黄色い頭を出す。その花茎がフキノトウ。花芽も葉柄も食用となる。雄と雌の株があり、雌花は受粉後、茎を伸ばし、綿毛をつけて種子を飛ばす。ハーブの"コルツフット"は、ヨーロッパ原産のキク科の仲間。フキに似た葉で、タンポポのような花をつける。

❀ 待望・愛嬌・真実は一つ・仲間

34

ヨモギの花

❀

幸福・夫婦愛・決して離れない

ヨモギ 蓬

キク科　日本全土に分布

Artemisia princeps

別名　餅草・さしも草・もぐさ

花期　8〜10月（摘み菜の旬は、春）

洋の東西を問わず、名高い「ハーブの女王」。野原や土手に、普通に生える。大きく裂けた葉が特徴。独特の香りがある。

学名 artemisia は、ギリシャ神話の女神アルテミスに由来。女性と健康の守護神だ。

食用・薬用のほか、魔除けともなる。

ハコベ

繁縷

Stellaria media

ナデシコ科　日本全土に分布

別名　ハコベラ・コハコベ・ヒヨ
　　　コグサ

花期　3〜9月

春の七草の一つ。柔らかいハーブ。日当たりのよい野や、道ばたに群生。世界中に分布する。草丈10〜20㎝ほど。白い小花は、星の形をして可憐。小鳥も好んで食べる。

私と逢っていただけますか

ウシハコベ
ハコベより大きいので「ウシ」。山野に多く生える

ノハラツメクサ

野原爪草　*Spergula arvensis*

ナデシコ科　ヨーロッパ原産

花期　5〜8月

ハコベ属の仲間で、星型の白い小花を咲かす。在来種のツメクサより大柄とはいえ、花径は約8mmほど。

　芳醇・小さな爪あと

ノミノフスマ

蚤の衾　*Stellaria alsine var. undulata*

ナデシコ科　日本全土に分布

花期　5〜8月

ハコベ属の仲間。ごく小さな雑草。花径は約3mm。フスマとは布団のこと。小さな葉をノミの夜具に例えた。

　意外な思い

オランダミミナグサ

和蘭耳菜草　*Cerastium glomeratum*

ナデシコ科　ヨーロッパ原産

別名　青耳菜草

花期　4〜6月

ハコベ属の近縁種。草丈10〜30㎝で、星型の白い小花。ミミナグサの名の由来は、葉の形をネズミの耳に例えたもの。野や空き地など、どこにでも生息する。在来種のミミナグサは、年々減少気味。

純真・無邪気・可憐

ミミナグサ

シャガ

射干（著莪）

Iris japonica

アヤメ科　日本全土に分布

別名　胡蝶花（コチョウカ）

花期　4〜5月

森林や路地など、やや日陰の場所に咲く。草丈は50〜60㎝。すっと伸びた、光沢ある葉が美しい。常緑で、冬でも枯れない。アヤメより小ぶりな花は、白または薄青色。日本にあるシャガは、三倍体なので種子ができず、根茎からほふく枝を伸ばして殖える。

友人が多い・私を認めて

ニワゼキショウ

庭石菖　Sisyrinchium rosulatum

アヤメ科　北米原産

別名　南京アヤメ・草アヤメ

花期　5〜6月

日当たりのよい、芝生や草地に生える。草丈は10〜25cm。径5mm前後の、薄いピンクや白の花を咲かす。小さいながら、根ぎわから生える葉は立派な剣の形をしている。れっきとしたアヤメの仲間。

サトイモ科のセキショウ（石菖）とも葉が似ているので、この名前がついた。

❀ 豊かな感情・愛らしい人

オオイヌノフグリ
大犬の陰嚢

オオバコ科 *Veronica persica* ヨーロッパ原産

別名　瑠璃唐草・天人唐草・星の瞳

花期　5〜8月

道ばたや野に咲き、瑠璃色にきらめく。学名の Veronica は、聖女の名。在来種のイヌノフグリは、近年減少している。果実が犬のそれに似ているため、かわいそうな名前がついてしまった。

❀　忠実・信頼・清らか

聖女ヴェロニカ

十字架を背負ってゴルゴダの丘に向

かうキリストに、その汗を拭うための

ヴェールを捧げた聖女。

オオイヌノフグリの花をよく見ると、

その中にキリストの顔が浮かびあが

るという

タチイヌノフグリ
近縁の外来種

ワスレナグサ

勿忘草 *Myosotis*

ムラサキ科 ヨーロッパ原産

別名　瑠璃草

花期　4〜5月

日のあたる湿地に生え、薄青、紫の小花を咲かす。"ワスレナグサ"は種の総称。

英名 "Forget me not" の由来は、ドイツの哀しい伝説による。花を摘んでいた騎士がドナウ川に落ち、「僕を忘れないで」と叫んで、恋人に花を投げて消えた。恋人は、その言葉を花に名づけて、生涯髪に飾り続けたという。

花言葉　私を忘れないで・真実の恋

44

キュウリグサ
胡瓜草 *Trigonotis peduncularis*

別名　タビラコ

ムラサキ科　日本全土に分布

花期　3〜5月

ルーペで観察したい小さな雑草の一つ。草丈10〜20cmほどで、道ばたに群生する。花径も2〜3mmと小さく、つい見過ごしがち。花色は、優しく上品な水色。葉をもむと、キュウリに似た匂いがする。

❀ 愛しい人への真実の愛

ハナイバナ
葉と葉の間に花咲くので、"葉内花"。
キュウリグサの花芯は黄色だが、ハナイバナは白

ツクシ／スギナ

土筆／杉菜 *Equisetum arvense*

トクサ科　日本全土に分布

別名　つくづくし・ツクシンボ

早春、野原や土手などで、大地から筆のような顔を出す。「ツクシ誰の子、スギナの子」と童謡に歌われ、すくすく伸びる。

実は、ツクシは繁殖のための胞子茎で、スギナは栄養茎。胞子が散る前のツクシを摘んで、食用にする。

❀　向上心・意外・驚き・努力

ゲンゲ

紫雲英　*Astragalus sinicus*

マメ科　中国原産

別名　蓮華草

花期　4〜5月

草丈10〜30㎝、ハスに似た紫の花を咲かす。ハチミツのための、よい蜜源植物。花言葉の由来は、ギリシャ神話。神罰でゲンゲに変身したニンフが、「花はみな女神が姿を変えたもの。もう花は摘まないで」と妹に言い残したことから。

私の苦しみを和らげる

シロツメクサ

白詰草 *Trifolium repens*

マメ科 ヨーロッパ原産

別名 クローバー・ウマゴヤシ

花期 4～10月

ハート形の葉が3枚セット。花茎を10～30cmほど伸ばし、先端に2cm前後の白い花を咲かせる。球形の頭花は、10～80個の小花が集まったもの。江戸時代、オランダの舶来品に緩衝材として詰められていたので"詰草"という。

私を想ってください・約束・復讐

ムラサキツメクサ
葉にはV字型の斑紋があるものが多
い。デンマークでは国花。アカツメク
サとも

コメツブツメクサ
シロツメクサに似ているが、全体に小
さいので、“米粒”。花が黄色い。アイ
ルランドの国花“三つ葉の植物”＝シャ
ムロックは、コメツブツメクサのこと、
ともいわれる

四つ葉のクローバー

一枚目は名声／次の一枚は富／もう
一枚は満ち足りた愛／そして最後の
一枚は輝かしい健康をもたらす／そ
れが四つ葉のクローバの力（俗謡）

ヨーロッパには、「四つ葉のクローバー
を見つけた人には幸運が訪れる」とい
う伝承が、古くからある。夏至の夜に
クローバーを摘むと薬草となり、魔除
けの力を持つとも信じられてきた。
四つ葉が象徴するものは、"希望""誠
実""愛情""幸運"ともいわれる

幸運・私のものになって

カラスノエンドウ

烏の豌豆 *Vicia angustifolia*

マメ科　日本全土に分布

別名　矢筈豌豆（ヤハズエンドウ）

花期　3〜6月

野や道ばたなどに普通に生える。ソラマメ属で、若い芽や豆果は食べられる。茎には巻きひげがあり、2cmほどの紫色の蝶形の花を、多く咲かす。名の由来は、豆果の色がカラスのように黒いから、など。近縁種に小型のスズメノエンドウ、その中間のカスマグサがある。

❁ 小さな恋人たち・必ず来る幸福

52

カスマグサの花と豆果

スズメノエンドウ

ヘビイチゴ

蛇苺
Potentilla hebiichigo

バラ科　日本全土に分布

別名　毒苺
花期　4〜6月

春の盛り、野原や畦道などで、小さな黄色い花を咲かせ、やがて紅い実をつける。長いほふく枝を伸ばし、地面を這って増えてゆく。「ヘビが食べる」「毒がある」などと言われるが、実際は無毒。ただし食べてもおいしくない。

可憐・小悪魔のような魅力

近縁のヤブヘビイチゴ

シロバナノヘビイチゴ

白花の蛇苺 *Fragaria nipponica*

バラ科・本州中部に分布

花期　5〜7月

別名　森苺

黄色い花のヘビイチゴに対して、こちらは白い花を咲かす。名前こそ"ヘビイチゴ"だが別属。栽培種と同じオランダイチゴ属なので、赤い実には甘みがあり、おいしい。日本のワイルド・ストロベリー。

幸福な家庭・無邪気・敬慕

（ワイルドストロベリー）

ナガミヒナゲシ

長実雛罌粟 *Papaver dubium*

ケシ科　地中海原産

花期　4〜5月

道ばたや空き地で、高さ20〜60cmの茎に、オレンジ色の4弁花を咲かせ、群生する。麻薬成分のアルカロイドは含まない。花後の果実は細長く、それが名の由来。美しい花だが繁殖力が強く、気づくと庭の片隅で咲いていたりもする。

心の平静・癒し・慰め

ハナニラ

花韭

Ipheion uniflorum

ヒガンバナ科　中南米原産

別名　イフェイオン・ベツレヘム
　　　の星

花期　3〜5月

草丈は10〜20cm、花径5cm前後。色
は淡青、白、ピンク。野や土手に群
れ咲いていると、はっとするほど美
しい。

英名の〝春の星 Spring star〟は、
星型の6枚の花びらが由来。葉や球
根を傷つけると、ネギやニラのよう
な匂いがする。

❀　別れの悲しみ・耐える愛

ノビル

野蒜
Allium macrostemon

ヒガンバナ科　日本全土に分布

別名　蒜（ひる）、ねびる

花期　5〜6月

食べられる身近な野草の一つ。土手や畦道、公園に生える。"蒜"とはネギやニンニクのこと。地下の球根が食用になる。

茎はまっすぐ立ちあがり、高さ40〜60㎝にもなる。その先のツボミは、白い小さなとんがり帽子のよう。やがて花が咲くが、種子ができるものは少ない。代わりに、果実に似たむかごが生る。

タフなあなたのことが好き・胸の高まり

ノビルの球根
ぷっくりと、白く小さい。
ラッキョに似ている

ニリンソウ

二輪草　*Anemone flaccida*

キンポウゲ科　日本全土に分布

別名　福平（フクベラ）

花期　3〜6月

ニリンソウは、春の訪れを告げるスプリング・エフェメラルの一つ。落葉樹林の林床に、好んで群生する。山菜にも薬草にもなり、アイヌ語では、汁ものに入れる草＝オハウキナと呼ばれる。

和名の通り、一つの茎に、通常2輪の白い花を咲かす。若葉は、猛毒のトリカブトに似ているので、要注意。

 ずっと離れない・友情

スプリング・エフェメラル
Spring ephemeral

雪解けの頃姿を現し、樹木の葉が茂る頃、儚く消えてゆく植物たちの総称。"春の妖精" ともいう。直訳すれば、"春のかげろう" "春の短い命" "春の儚いもの"。落葉広葉樹林の中で、スプリング・エフェメラルたちは、芽を出して花開き、夏までに葉をつけると、地中に姿を消す。そして地下茎や球根だけの姿になって、次の春を待って眠るのだ。早春植物とも。

イチリンソウ
花茎の先に白い花を一輪咲かす。有毒。サンリンソウもあるが、こちらも有毒。

カタクリ

片栗　*Erythronium japonicum*

ユリ科　日本全土に分布

別名　堅香子（カタカゴ）

花期　3〜5月

つかの間、姿を現す春の妖精。山地の湿った林床などに群生する。花の色は淡い赤紫。花茎の先に一輪、下向きに咲く。地下の球根にはデンプン質が多く、かつて片栗粉がつくられていた。万葉の時代から愛されてきたが、近年数を減らしている。

初恋・さびしさに耐える

ショウジョウバカマ

猩々袴 *Heloniopsis orientalis*

ユリ科　日本全土に分布

花期　2〜4月
　　　（高山では6〜7月）

別名　簪花（カンザシバナ）

春の妖精の仲間。花径は1cmほど
で、茎の先端にまとまってつく。花
色は赤紫、白。葉は根元から放射状
に広がる。

名の由来の〝猩々〟は　大酒呑みの
架空動物。毛は紅色、顔は猿に似る
という。

🌼 希望

チゴユリ

稚児百合。 イヌサフラン科 *Disporum smilacinum*　日本全土に分布

花期　4～6月

春の妖精たちが消える頃、雑木林の木陰で開花する。草丈15～30cm。茎の先端には1cm前後の純白の花。うつむいて可憐に咲く。黒色の実を一つつけたあと、地上から姿を消す。翌春、残した地下茎から新しい芽が出て、花を咲かす。

私の小さな手をいつも握って

ナルコユリ
鳴子百合 *Polygonatum falcatum*

キジカクシ科 日本全土に分布

別名 釣鐘草（ツリガネソウ）

花期 4〜5月

草姿や花の様子を鳴子（なるこ）に見立てたもの。山野に生え、草丈は約80㎝。茎が弓なりに伸び、葉の腋から緑白色の筒状の花が、垂れ下がって咲く。根は生薬となる。

❀ 気品のある行ない

シュンラン

春蘭
Cymbidium goeringii

別名　ホクロ・ジジババ

花期　3〜4月

ラン科　日本全土に分布

古くから愛でられてきた、日本の野生ラン。雑木林の林床などで、ひっそりと群生する。葉は細長く、草丈15〜20cmほど。根元から花茎を伸ばし、横向きに5cm前後の花を咲かせる。色は黄緑色。控えめだが、神秘的な美しさがある。花びらは塩漬けにして、蘭茶を楽しむ。

気品・清純・飾らない心

カキドオシ

垣通し

Glechoma hederacea

シソ科　日本全土に分布

別名　疳取草（カントリソウ）

花期　4〜5月

❀　享楽・楽しみ

日のあたる野や道ばたに生える。つる性で、葉をもむとよい香りがする。食材、お茶、薬草としても名高い。花は葉の腋に咲き、優しい紫色。唇のように上下に分かれる。名の由来は、つるが垣根を通り越すほど、勢いよく伸びる姿から。

オドリコソウ

踊子草 *Lamium album var. barbatum*

シソ科　北海道〜九州に分布

花期　4〜6月

別名　踊り花

花の形が、笠をかぶった踊子に似ている。道ばたや野原に生え、草丈は30〜50cm。茎上の葉のつけ根に、白、淡紅色の唇形花をつける。食用・薬用になる。

ヒメオドリコソウ
ヨーロッパ原産。オドリコソウより花が小ぶり

陽気・快活・隠れた恋

ホトケノザ
仏の座

シソ科　本州〜沖縄に分布

Lamium amplexicaule

別名　三階草（サンガイグサ）

花期　3〜6月

調和

上部の葉脇に、紫色のきれいな唇形花をつける。道ばたや畦道に生え、草丈は10〜30㎝。ありがたい名の由来は、花の下にある葉を、仏の蓮華座に例えたもの。葉が段々につくことから〝三階草〟とも。

キランソウ

金瘡小草 *Ajuga decumbens*

別名　地獄の窯の蓋（ジゴクノカマノフタ）

シソ科　日本全土に分布

花期　3〜5月

恐ろしげな別名の由来は、茎が立たずに地面を這い、地表を覆う様子から。「地獄へ行く窯にふたをしてしまう」ほどの万能薬という意味もある。"医者いらず"とも。春彼岸の頃、葉の腋に長さ約1cmの濃紫色の唇形花を咲かす。

✿ あなたを待っています

ジュウニヒトエ
十二単
Ajuga nipponensis

シソ科　日本全土に分布

花期　4～5月

日本固有種。花穂に、白や薄紫色の小花が重ね咲く。その優雅な姿を、女官の十二単に例えられた。湿った野山などに生え、草丈15〜20㎝。キランソウに似るが、茎が直立する。近年急減し、県によっては、絶滅危惧種。

〜高貴な人柄

フデリンドウ

筆竜胆　*Gentiana zollingeri*

リンドウ科　日本全土に分布

花期　3〜5月

リンドウは、秋の代表的な草花。だがフデリンドウは、春に咲く。乾いた草地や明るい林に生え、草丈は5〜10cmほど。直立する茎の上部に、太陽の光を受けて、青紫色の花を数輪咲かす。花冠は筒状で、2cm程度。和名は、花の閉じた形を筆の穂先に見立てたとのこと。

真実の愛・正義・誠実・高貴

ムラサキサギゴケ

紫鷺苔

Mazus miquelii

花期　4〜5月

ハエドクソウ科　日本全土に分布

畦道や日当りのよい草地に生える。ほふく枝を伸ばして、高さ10cm前後の花茎を立て、1〜2cmほどの紫の花を咲かす。

白花のものを単に〝サギゴケ〟ともいう。花の形が鳥のサギを思わせ、地面に張りつくように群生する様子を苔に例えた。

🦋 忍耐・追憶の日々

ヒトリシズカ

一人静
Chloranthus japonicus

センリョウ科　日本全土に分布

別名　吉野静（ヨシノシズカ）

花期　・4〜5月

静謐・隠された美

林床の木陰で、白い花穂を一つ立てて佇む。草丈10〜20cmほどの小さな野草。凜とした花の様子を、源義経の恋人、静御前が一人で舞う姿に見立てた。ただし、ヒトリシズカは一人ではなく、地下茎で殖え、多くは群生する。また、ブラシ状の花の正体は雄しべ。雌しべは雄しべの根元にあり、花びらもない。

74

フタリシズカ

二人静 *Chloranthus serratus*

センリョウ科　日本全土に分布

花期　4〜6月

別名　早乙女花（サオトメバナ）

ヒトリシズカと対をなす。2本の花穂を、静御前の亡霊と菜摘女とが、二人で舞う姿になぞらえた。ただし花穂は2本と限らず、三人静、四人静の場合もある。　草丈は30〜60㎝。小花は丸く、雄しべが雌しべを包み込む。葉に光沢はなく、全体的に控えめ。

いつまでも一緒

スイバ

酸い葉

Rumex acetosa

タデ科　日本全土に分布

別名　スカンポ

花期　5〜8月

新芽を山菜として食べる。葉や茎に酸味があり、かつての子どものおやつ。

ヨーロッパではソレルと呼ばれ、栽培されている。雄と雌の株がある。

ギシギシ
〝羊蹄〟と書く。スイバより大柄で、花は緑色

親愛の情・博愛

イタドリ

虎杖　*Fallopia japonica*

タデ科　日本全土に分布

別名　スカンポ

花期　8〜10月

茎の赤い斑紋を虎の縞に見立てて、"虎杖"と書く。茎をポンと折ってかじると、酸っぱい。イタドリを"スカンポ"と呼ぶ地方もある。雌雄異株で、花期は夏。

回復

コバンソウ

小判草 *Briza maxima*

花期・5〜6月

別名　タワラムギ（俵麦）

イネ科　ヨーロッパ原産

観賞用として渡来したものが雑草化。どこにでも生え、草丈10〜60㎝。細い糸のような小茎の先端に、1〜2㎝ほどの、少し膨らんだ小判型の小穂を、数個ぶら下げる。穂は熟して黄金色となり、風が吹くとしゃらしゃらと鳴る。

素朴な心・興奮・熱心な議論

スズメノカタビラ

雀の帷子　*Poa annua*

イネ科　日本全土に分布

花期　3〜11月

ほぼ世界中に分布する、コスモポリタンな雑草。高く伸びても20cmほどで、"スズメ"は小さいことを表す。カタビラとは、一重の簡単な着物のこと。

❀　私を踏まないで

スズメノテッポウ

雀の鉄砲　*Alopecurus aequalis*

イネ科　日本全土に分布

花期　4〜5月

春の水田雑草。細くてまっすぐな3〜8cmの穂を一面に出すのでよく目立つ。名の由来は、花穂をスズメの使う鉄砲に見立てたもの。草笛にして遊ぶ。

❀　楽しい時間

チガヤ

茅 *Imperata cylindrica*

別名　イネ科　日本全土に分布

花期　5〜6月

風を受け、千のチガヤの穂は、白銀色にきらめく。古名は"茅"(チ)。原野や河原に群生し、茎は高さ70㎝にもなる。サトウキビの近縁で、"茅花"(ツバナ)と呼ばれる花穂は、噛むと甘い。古くから食用・薬用に利用され、屋根をふく材料にもなった。魔除けの力があるとされ、現在まで「茅の輪くぐり」の風習が残る。

子どもの守護神

COLUMN

みちくさをたのしむ

⊷ Meal time ⊶

食事の時間

何気なく見過ごしてし
まう野の花や道の草。
その中で、おいしく食
べることができるもの
を"菜"といいます。
せかせかと通り過ぎて
いたいつもの道で立ち
どまり、時にはしゃが
み込み、ひとときの道
草を楽しみましょう。
四季の摘み菜を料理し、
おいしくいただくこと
は、人生の豊かな味わ
いの一つです。

摘み菜の基本

1 服装や持ち物

長ズボン、歩きやすい靴を身につける。軍手・クワ・ハサミ・カゴやザル・ビニール袋・ミニルーペなどを持参。

2 摘む場所を選ぶ

ペットの散歩コース、除草剤がまかれているところは避ける。国立公園の自然保護区や私有地など、禁じられている場所では採らない。

3 毒草に注意する

毒草は、皮膚がかぶれる程度のものから、命に関わるものまでさまざま。知らない草は　採らない。決して口にしない。

4 採りつくさない

例えばユリ根などは、全部掘り採らず子球を残しておく。自分に必要な分だけいただくこと。貴重で珍しい草などは、根ごと採らずに花だけ楽しむ。

5 ゴミを始末する

自分が出したゴミはもちろん、落ちているものも拾って持ち帰る。

いただく基本

1 選ぶ

葉を摘むときは、花が咲く前の柔らかい葉を選ぶ。

2 摘む

毒やトゲのあるものに注意して摘む。

3 洗う

泥やゴミを取り、水の張ったボウルに入れ、揺らしながら2、3回洗う。

4 保存

紙に包み、ビニール袋に入れ冷蔵庫の野菜室に保存する。

5 食べる

和え物などは、ゆでて水にさらし、よくアクをぬく。一度にたくさん食べず、体の反応を確かめながら少しずついただく。

正月七日の七草粥

材料（4人分）

春の七草──適量

　セリ
　ナズナ
　ゴギョウ（ハハコグサ）
　ハコベ
　ホトケノザ（コオニタビラコ）
　スズナ（カブ）
　スズシロ（ダイコン）
─────────────
米──1合
水──5カップ
塩──少々

つくり方

1 スズナ（カブ）とスズシロ（ダイコン）は小さめの角切りに、他の七草はザク切りにする。

2 洗った米を鍋に入れ、水・塩を加えて中火にかける。沸騰してきたら弱火にする。かき混ぜながら15分ほど煮る。

3 米が柔らかくなり、とろみがついたら、塩少々で味をととのえる。スズナ（カブ）とスズシロ（ダイコン）を入れ、好みの固さまで煮る。他の七草を加えてひと煮する。

鶏モモ肉やお餅を入れたり、ゴ
マ油で中華風にアレンジしても
おいしい

野の草の天ぷら

材料（4人分）

摘み菜——適量
——ギボウシのツボミ
ムラサキツメクサ
ヨモギ
ドクダミ
タンポポなど
小麦粉——60g
片栗粉——15g
氷——2個
水——80㎖
塩——ひとつまみ
揚げ油——適量
抹茶塩あるいはハコベ塩——適量
※214p参照

つくり方

1 摘み菜はよく洗い、ゴミなどを取り、ザルにあげて水気をよく切っておく。

2 小麦粉と片栗粉を合わせてボウルに入れ、塩をひとつまみ加えて、氷水で薄く溶く。（小麦粉と片栗粉の割合は4対1）

3 揚げ油を160～180℃に熱し、摘み菜の片面だけに衣をつける。

4 衣をつけた方を下にして鍋に入れる。片面が十分揚がったらひっくり返す。縁がチリチリしてきたら引きあげる。

5 キッチンペーパーの上に置いて油抜きをする。

天ぷらは摘み菜料理の定番。
揚げることで強いアクも匂いも和らぐ。
カラリと揚げるポイントは、草の水気を
よく切ること、衣を混ぜすぎないこと。
たっぷりの油で手早く揚げること。摘み
菜の香りと風味を味わうには、塩で食べ
ることがおすすめ。

野の花のサラダ

材料（4人分）

摘み菜 —— 適量

—— タンポポ
カラスノエンドウ
ナズナ
シロツメクサ
ムラサキカタバミ
ハコベ ——

オリーブオイル —— 適量

塩・コショウ —— 適量

つくり方

1 葉と茎が若く、柔らかいものを摘む。

2 枯れた葉や泥を取り、丁寧に洗う。水気を切り、食べやすい大きさに手でちぎる。

3 花は、水を張ったボウルに入れて、優しくさっと洗う。タンポポは、ガクから花びらをむしる。

4 2に塩・コショウを振り、木べらなどで全体をふわりと混ぜる。オリーブオイルを回しかけ、花を散らす。

キュウリやトマト、オクラ、
玉ネギ、オレンジ、ベーコン
など、いつものサラダに摘み
菜を混ぜると、食べやすい。

ロシア風スイバのスープ

材料（4人分）

スイバ……2束

玉ねぎ……1個

セロリ……茎を3、4本

ジャガイモ……大2〜3個

鶏ガラまたは野菜のスープ……3ℓ

バター……大さじ2

塩・コショウ……少々

ハーブ

──ディル……適量

──イタリアンパセリ……適量

付け合せ

ゆで卵……1〜2個

サワークリームまたは濃いヨーグルト

薄く切ったキュウリとラディッシュ

──（冷製スープ用）

つくり方

1　摘んだスイバを水洗いし、2回に分けてブレンダーあるいはフードプロセッサーで、なめらかになるまで攪拌する。

2　厚手の大きい鍋にフタをしてバターを溶かす。タマネギ、セロリを入れ、よく炒める。

3　スイバ、ジャガイモを入れ、スープを加える。沸騰させたら火を弱め、ジャガイモが柔らかくなるまで15分ほど煮る。

4　タマネギ、セロリはみじん切りに する。ジャガイモは一口大に。

5　皿に盛り、半分か¼に切ったゆで卵、サワークリームまたはヨーグルトをのせる。
（冷製スープにするなら、4時間ほど冷蔵庫で冷やしてから。キュウリとラディッシュもそえる）
塩・コショウで味をととのえる。
ハーブを散らす。

スイバのスープは、ロシア
から東欧にかけての伝統
料理。ロシアでは〝緑の
シチー〟と呼ぶ。温めても
冷やしてもおいしい。
肉の塊（牛豚鶏、お好みで）
を入れてもよい。

スベリヒユとトマトの冷製パスタ

材料（4人分）

スベリヒユ──200g
トマト──2個
パスタ──320g

塩──湯の1%
粉チーズ──少量

オリーブオイル──60mℓ
塩・コショウ──少々
レモン汁──½個分

つくり方

1 スベリヒユは指先で摘める柔らかい部分を3〜4cm採る。水洗いしたあとさっとゆで、冷水でアクをぬき、水気を切る。

2 トマトは湯むきにしてサイコロ状に切る。

3 ボウルにオリーブオイル、スベリヒユ、トマト、レモン汁を入れて混ぜる。塩・コショウで味をととのえる。

4 鍋に水を入れ、水量の1%の塩を加え、火にかける。湧いたらパスタを入れる。ゆであがったら冷水にとり、水を切る。

5 パスタを3に入れて混ぜる。お皿に盛りつけ、粉チーズを散らす。

やっかいな雑草と思われ
がちなスベリヒユ。ギリ
シャやトルコでは一般的な
食材で、生命力あふれる
栄養満点の菜。独特の酸
味とぬめりは、夏バテ解消
にもぴったり。

ヤエムグラ 八重葎

Galium spurium var. echinospermon

別名　勲章草

花期　5〜6月

アカネ科　日本全土に分布

野や道ばたなどに、幾重にも重なって生える。"葎"とは、生い茂るトゲのあるツル草のこと。茎や葉にトゲがあり、他の植物に寄りかかって、丈60cmほどにも伸びる。花は淡い黄緑色で、径2mm前後。果実にもトゲがある。"ひっつき草"の一つ。子どもたちは折り取って、衣服の胸などに飾る。

抵抗・拮抗

ヘクソカズラ

屁糞葛

アカネ科　Paederia scandens　日本全土に分布。

別名　　灸花（ヤイトバナ）・早乙
女花

花期　　7〜9月

誤解を解きたい・意外性の
ある
薬用になる。

野や道ばたに生えるつる性植物。
茎や葉が悪臭を放つ。フェンスな
どに、左巻きに絡みついて繁茂す
る。花は、長さ1cmほどの釣鐘状。
花びらは白く、中心は小豆色。
花も花盛り」のことわざ通り、
とても愛らしい。果実は黄褐色で、
「屁

ヒルガオ

昼顔

Calystegia japonica

ヒルガオ科 日本全土に分布

花期 6〜9月

別名 雨降り花・鼓子花（コシカ）

🌸 優しい愛情・絆・情事

日当たりのよい、野や道ばたに生える。つる性植物。アサガオに似た薄桃色の花は、径5cm前後。昼間に花が開く。優しい風情だが、しつこい雑草。万葉集にも容花（カヲバナ）の名で登場する。

ケチョウセンアサガオ

毛朝鮮朝顔 *Datura inoxi*

ナス科　中南米原産

別名　アメリカ朝鮮朝顔

花期　6〜9月

全草有毒の外来植物。荒地や道ばたなどで野生化している。茎や葉に毛が生え、草丈100〜150㎝。大きな白い花は、アサガオのようなラッパ型。上向きに咲き、芳香を放つ。朝に開き、昼にはしぼむ。美しさから、鑑賞用として庭植えもされる。

偽りの魅力・愛嬌・軽快

ワルナスビ
北米原産の帰化植物。イヌホウズキに
似るが鋭いトゲを持つ。果実は黄色。
全草ソラニンを含んで有毒

イヌホウズキ
日本在来種。果実は光沢ある黒。
トゲはない。全草ソラニンを含ん
で有毒

ホタルブクロ

蛍袋　*Campanula punctate*

別名　提灯花・釣鐘草・雨降り花

キキョウ科　日本全土に分布

花期　6〜8月

林や道ばたの、やや乾燥した地に咲く。草丈は30〜80㎝。茎先や葉の脇に、うつむき加減の釣鐘型の花をつける。長さ5㎝ほどで、色は白や赤紫。和名は、子どもがホタルを入れて遊んだことにちなむ。食用・薬用になる。英名はbell flower（ベルフラワー）。

愛らしさ・誠実・正義

オカトラノオ

岡（丘）虎の尾　*Lysimachia clethroides*

サクラソウ科　日本全土に分布

花期　6〜7月

日当りのよい草地を好む。草丈は50〜100cm。茎の先に白色の小さな花を穂状につけ、下方から開花していく。花穂は直立せず、虎の尾のようにくにゃりと垂れ下がる。

騎士道・忠実・貞操

カタバミ

酢漿草・片喰

カタバミ科 日本全土に分布 *Oxalis corniculata*

別名　金草・鏡草・銭草

花期　5〜10月

世界中に分布する雑草。道ばたや庭の片隅などに生える。径8mm前後の黄色い花を咲かせ、夜になると葉を閉じる。

全草シュウ酸を含むため、噛むと酸っぱい。硬貨を磨くとピカピカになる。

輝く心・喜び

イモカタバミ
南米原産の帰化植物。園
芸植物が逃げ出し、雑草
化した

ツユクサ

露草
Commelina communis

ツユクサ科　日本全土に分布

別名　月草・蛍草・青花・雨降り花

花期　6〜9月

やや湿った野や道ばたに生える。蝶形の青い花が涼しげ。草丈30cm前後。早朝に咲き、昼にはしぼんでしまうが、生命力は強い。二つ折れの苞（ホウ）という葉の間から、新しい花が次々と咲く。

懐かしい関係・恋の心変わり

雨降り花

"花を摘むと雨が降る"という伝承がある花のこと。梅雨の頃に咲く花が多い。地域によって違いがあるが、例えばツユクサ、ヒルガオ、ホタルブクロ、カタバミなど

かつては、花の汁を染め物の下絵に使った

ウツボグサ

靭草 *Prunella vulgaris subsp. asiatica*

シソ科　日本全土に分布

花期　6〜8月

別名　夏枯草（カコソウ）

優しく癒す

日当りのよい草地などに群生。夏に花穂が枯れたようになる。和名は、花穂を弓矢を入れる靭（ウツボ）という用具に見立てたもの。花穂を乾燥させ生薬にする。近縁種のセイヨウウツボグサは"セルフヒール"というハーブ。

トウバナ
塔花
Clinopodium gracile

シソ科　本州〜沖縄に分布

花期　6〜8月

野山の湿った道ばたなどに生える。草丈10〜30㎝。塔のような花穂を立て、その周りを唇形の花が、輪生する。花は径5〜6㎜で薄い紫色。肉眼では見えないほどに小さい。

私を閉じ込めないで

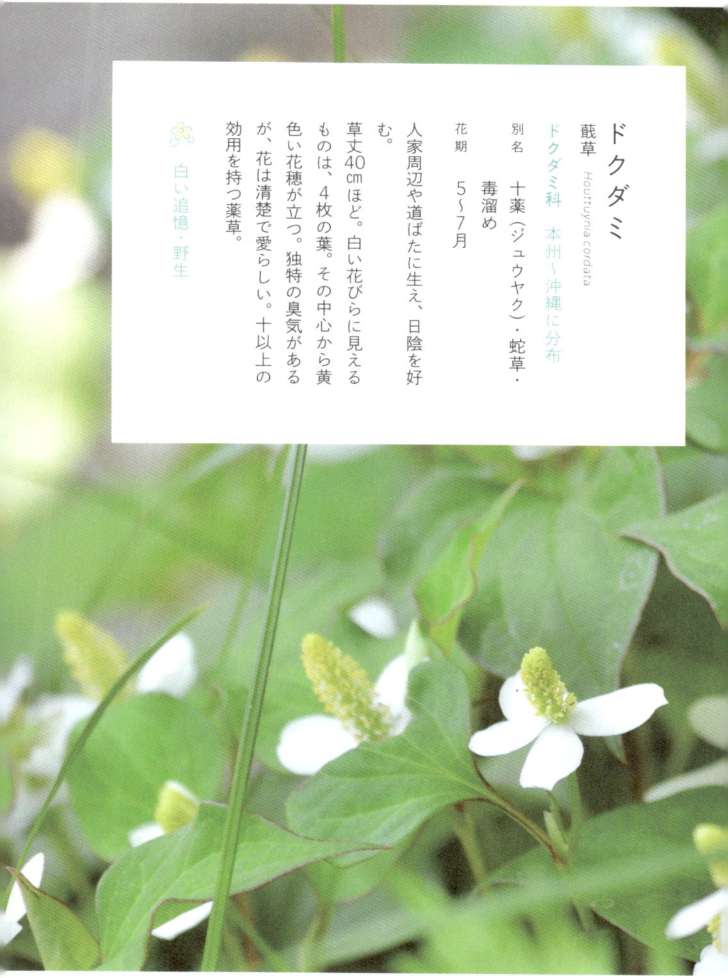

ドクダミ

蕺草
ドクダミ科　本州～沖縄に分布
Houttuynia cordata

白い追憶・野生

別名　十薬（ジュウヤク）・蛇草・
　　　毒溜め

花期　5～7月

人家周辺や道ばたに生え、日陰を好む。草丈40㎝ほど。白い花びらに見えるものは、4枚の葉。その中心から黄色い花穂が立つ。独特の臭気があるが、花は清楚で愛らしい。十以上の効用を持つ薬草。

マツヨイグサ
待宵草　*Oenothera odorata*

別名　宵待草

アカバナ科　南米原産

花期　5〜8月

空き地や海岸に群生する帰化植物。草丈30〜80cm。径3cmほどの黄色い花は可憐。夕暮れから開花し、ワインに似た甘い香りを漂わせる。しぼむと花は赤くなる。マツヨイグサの仲間では最も早く渡来したが、現在では減少気味。

ほのかな恋・移り気・静かな恋

114

メ マ ツ ヨ イ グ サ

マツヨイグサより大柄。花はしぼんで
も赤くならない。アレチマツヨイグサ
とも

オ オ マ ツ ヨ イ グ サ

「富士には月見草がよく似合ふ」
（太宰治）の〝月見草〟は、オオマ
ツヨイグサといわれている

ユウゲショウ

夕化粧

Oenothera rosea

アカバナ科　北米南部〜南米原産

別名　アカバナユウゲショウ

花期　6〜7月

空き地や道ばたなどで、15mmほどの淡紅の花を咲かす。草丈20〜60cm。和名の由来は、夕暮れから開花するため。実際は昼間でも咲いている。帰化植物。

臆病

白い花もある

ヒルザキツキミソウ

昼咲月見草

Oenothera speciosa

別名　エノテラ

花期　5〜7月

アカバナ科　北米原産

鑑賞用として渡来。草丈20〜30㎝。和名の由来は〝昼間から咲く月見草〟。花は径5㎝前後で、薄桃と白のグラデーションが美しい。丈夫なため庭植えから逃げ出し、荒地や道ばたで野草化している。

・自由な心・固く結ばれた愛

ネジバナ 捩（螺旋）花

Spiranthes sinensis var. amoena

ラン科　日本全土に分布

別名　捩摺（モジズリ）

花期　4〜9月

小さなランの仲間。野や芝生に生える。10〜40cmほどの茎をつんと立て、らせん階段を上るように、1cmにも満たない小花を並べる。極小ながらも花の形は立派なラン。ねじれには左巻きも右巻きもある。英名はLady's tresse（レディの巻き毛）。

🌸　思慕・恋しく思う

カラスウリ

烏瓜

Trichosanthes cucumeroides

ウリ科　本州〜九州に分布

花期　8〜9月

別名　玉草（タマズサ）・ヤマウリ

林やヤブに生える。巻きひげでほかの植物に絡みつき、成長する。雌雄異株。夜に白い花を咲かす。花びらの縁が無数の糸状となり、径7〜10cmほどに広がる。　果実は径6cm前後で、朱赤色に熟す。

近縁種にキカラスウリとスズメウリがある。

よい便り・誠実・実直

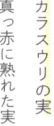

カラスウリの実
真っ赤に熟れた実は、秋の風物詩

スズメウリの実
花は昼間に咲き、小さな実をつける

ヤブガラシ

藪枯らし

ブドウ科　*Cayratia japonica*

別名　貧乏葛（ビンボウカズラ）

花期　6〜8月

荒地や道ばた、市街地の草地に生息するつる植物。草丈2〜3m。これが繁茂すると、他の植物が枯れて貧乏になるといわれる。径0.5cmほどの小さな花を咲かせ、虫たちのよい食卓となる。若芽や葉は食べられる。漢方薬の材料にも使われる。

日本全土に分布

精極性のある・不倫

ヤブガラシの花

ゲンノショウコ

現の証拠

別名　神輿草（ミコシグサ）・玄
　　　草（ゲンソウ）

フウロソウ科 *Geranium thunbergii* **日本全土に分布**

花期　７～10月

名高い薬草で、胃腸に効きめがすぐ現れることから名前がついた。"医者いらず"とも。草地に生え、草丈30～40㎝。葉は手のひらのように切れ込む。径１～1.5㎝ほどの白、紅の花を咲かす。

✿ 心の強さ・憂いを忘れて

ゲンノショウコの実
裂けた姿が、神輿の屋根に似る

アメリカフウロ

アメリカ風露　*Geranium carolinianum*

フウロソウ科　北米原産

花期　5〜7月

空き地や道ばたに生えている帰化植物。

仲間のゲンノショウコに葉も花も、実も似ている。違いは葉の切れ込みが深く、花期が早めなこと。花は小柄で、径1cm前後。目立たず見落としがちだが、可愛らしい。

誰か私に気づいて

コマツナギ
駒繋ぎ　*Indigofera pseudotinctoria*

マメ科　本州～九州に分布

花期　7～9月

日当りのよい野や道ばたに生える。丈40～80㎝ほどで、草のようにみえるが、本当は木。淡い桃色の、蝶のような花をたくさんつける。根が硬く、細くしなやかな茎は、馬を繋いでおけるほどに丈夫。

希望をかなえる

キツネノマゴ

狐の孫

Justicia procumbens var. leucantha

別名	神楽草（カグラソウ）・目薬花

キツネノマゴ科　本州〜九州に分布

花期　7〜9月

やや湿った野や道ばたに生える。草丈10〜40㎝。花穂には、唇形の花が数輪咲く。1㎝にも満たない淡紫の花は、狐の尾にまとわりつく孫のようだ。間近で見ると、実に愛らしい。昔は目薬に使われたとも。

🌸 この上なくあなたは可愛らしい・女性美の極致

ユキノシタ 雪の下

Saxifraga stolonifera

別名　虎耳草（コジソウ）

ユキノシタ科　本州〜九州に分布

花期　5〜7月

日陰の湿った岩場を好む山野草。高さ20〜50cmの茎に、清楚な花を多くつける。

花びらの下2枚は長く伸び、飛翔する蝶か妖精かのよう。丸い肉厚の葉が、雪の積もった下でも茂るから“雪の下”。花の白さを“雪の舌”に例えたともいう。

食用・薬草になり、庭先でも栽培される。

切実な愛情・恋心・軽口

カラスビシャク
烏柄杓 *Pinellia ternata*

サトイモ科　日本全土に分布

別名　半夏（ハンゲ）・蛇の枕・
　　　ヘソクリ

花期　5〜7月

田畑や草地に、奇妙な形でひょろり
と生える。草丈20〜40cm。ヘビの頭
のようなものは、葉の一部で"苞（ホ
ウ）"。この中に花が多数つく軸があ
り、舌のように細長く飛び出す。やっ
かいものとして草取りの対象だが、
半夏（ハンゲ）という生薬にもなる。

❁ 心落ち着けて・ガキ大将

ミソハギ
禊萩 *Lythrum anceps*

ミソハギ科　日本全土に分布

別名　溝萩・精霊花（ショウリョ
ウバナ）

花期　6〜8月

お盆の頃、やや湿った野や道ばたに
花を咲かす。草丈は1m前後。すっ
と伸びた茎に、1cmほどの赤紫の花
を穂状につける。

もともとの名は、"禊ぎ萩（ミソギ
ハギ）"。枝を水に浸し、供物のお清
めをしたからという。"盆花（ボン
バナ）"とも。

悲哀・哀愛・愛の悲しみ

キンミズヒキ

金水引

Agrimonia pilosa var. japonica

バラ科　北海道〜九州に分布

別名　ヒッツキグサ

花期　7〜10月

野原のやや湿った明るい日陰を好む、草丈30〜80cm。細長い花穂を立て、1cm以下の黄色い花を多く咲かす。その様子を金色の水引に例えた。赤い小花のタデ科ミズヒキとは別種。果実には鉤状のトゲがあり、動物などにひっついて運ばれる。

感謝の気持ち

ダイコンソウ

大根草

Geum japonicum

花期　6〜8月

バラ科　北海道〜九州に分布

山地の道ばたや野に生え、2cm前後の可憐な明るい黄色の花をつける。草丈は50〜80cm。地表に広がるロゼットの形が大根の葉とよく似ている。園芸種のベニバナダイコンソウ（ゲウム）はヨーロッパ原産。

満たされた希望・前途洋々

アカザ
シロザの変種。若葉が赤紫色

 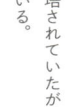

結ばれた約束

シロザ

白藜 *Chenopodium album*

アカザ科　日本全土に分布

別名　シロアカザ

花期　7〜10月

荒地や道ばたでよくみられる。草丈1m以上。若葉や葉に白い粉状のものがつく。もともとはユーラシア原産で、古く中国から渡来したといわれる。食用に栽培されていたが、現在は野生化している。

チドメグサ

血止草

ウコギ科　本州〜沖縄に分布

Hydrocotyle sibthorpioides

別名　カガミグサ・ウズラグサ

花期　4〜10月

秘密・恨み

道ばたや人家近くで、地面を這って広がる。常緑で草丈5〜10cm。目立たぬ花を咲かす。葉は光沢があり、径1cmほどの小さな円形。すり傷や切り傷に、葉表を貼ると血が止まる。薬草でもある、なじみ深い雑草。

オオバコ
大葉子

オオバコ科　日本全土に分布
Plantago asiatica

別名　カエルッパ・車前草（シャ
　　　ゼンソウ）

花期　4〜9月

車や人に、踏まれることで育つ路上植物。草丈10〜50㎝。大きな葉を広げ、長い花穂に白または淡紫色の小花を咲かす。種子は、靴の裏などにくっついて運ばれる。山で迷ったら、オオバコを目印に道をたどれば人里に戻るという。相撲取り草の一つで、茎同士を絡めて引っ張り合って遊ぶ。

足跡を残す

ヘラオオバコ
ヨーロッパ原産の帰化植物。葉がへらの形をしている。花穂の周りを雄花がぐるりと囲む

ヒメムカシヨモギ

姫昔蓬
Erigeron Canadensis

キク科　北米原産

別名　御維新草・明治草・鉄道草

花期　8～10月

草丈は1～2m。荒地や道ばたな
ど、どこにでも生息する。明治維新
の頃、鉄道線路に沿って広がった帰
化植物。なりこそ大きいが、径3mm
ほどの可愛いらしい花を咲かす。

人懐っこい

オオアレチノギク

大荒地野菊 *Conyza sumatrensis*

キク科　南米原産

別名　オオムカショモギ

花期　7〜10月

🌼 真実

ヒメムカショモギと同じく、荒地や道ばたなどに群生する帰化植物。世界中に分布。花びらのほとんどない頭花が特徴。

草丈 2m まで成長する

ブタクサ

豚草
Ambrosia artemisiifolia

キク科　北米原産

花期　7〜10月

道ばたや河原に生える帰化植物。草丈1m以上。花穂に約3mm前後の、地味な黄色い小花をつける。セイタカアワダチソウと混同されやすい。花粉症の原因はブタクサ。

幸せな恋……よりを戻す

タケニグサ

竹似（煮）草

Macleaya cordata

花期　7〜8月

ケシ科　本州〜九州に分布

🌸 素直な心

荒地などに真っ先に芽吹くパイオニ
ア植物。草丈2m以上。大きな葉に
は切れ込みが入る。花びらはなく、
白い雄しべが羽毛状に多くつく。茎
を折ると、有毒の黄色い乳液が出る。
欧米では鑑賞用として愛でられる。

オオバギボウシ
大葉擬宝珠 *Hosta sieboldiana*

キジカクシ科　日本全土に分布

別名　唐擬宝珠（トウギボウシ）
花期　6〜8月

やや湿った山野に生える。庭植えも多い。株の中心から80cmほどの花茎を伸ばし、白または薄紫色の美しい花を並べる。花はラッパ状で、うつむき加減。葉は大きな卵形。弧を描くように走る葉脈が特徴。
若葉は〝ウルイ〟と呼ばれ、山菜になる。

静かな人・沈静・落ち着き

ウルイ
オオバギボウシの若葉。有毒のバイケイソウの葉と似ているので要注意

ヤマユリ

山百合 *Lilium auratum*

ユリ科　本州・東日本を中心に分布

別名　筋百合（スジユリ）・匂い
　　　百合

花期　6〜8月

山にあり、"匂い優しい山百合の〜"と歌われるユリの女王。草丈100〜150cm。日本特産で、25cmを超える大輪の白い花を咲かせ、濃厚な甘い香りを漂わせる。

花びらの中央に黄色い帯状の筋が入り、赤色の斑点が散る。球根は食用になる。

威厳・甘美・人生の楽しみ

ノカンゾウ
ヤブカンゾウと同じワスレ
グサ属の仲間。一重の花を
咲かせる

ヤブカンゾウ

藪萱草

Hemerocallis fulva var. longituba

ユリ科　本州〜沖縄に分布

花期　7〜8月

別名　忘れ草（ワスレグサ）

🌼 悲しみを忘れる・愛の忘却

林の縁や野山に生え、ユリに似た、径10cm前後の八重の花を咲かせる。色は赤みあるオレンジ。草丈は1mほど。「ワスレグサは恋の愁いを忘れさせてくれる」という言い伝えがある。それほどに花やツボミは美しく、料理にすればおいしい。

メキシコマンネングサ

メキシコ万年草
Sedum mexicanum

ベンケイソウ科　原産地不明

花期　5〜6月

メキシコの名がついているが、原産地不明の帰化植物。道ばたや空き地に生え、茎が地表を這う。花径は直立し、1cm前後の小さな黄色い花がぎっしりと咲く。葉も花も美しく、庭植えにも人気の多肉植物。

記憶・私を想って

タイトゴメ
海辺の岩場などに生育する在来種

スベリヒユ

滑莧
Portulaca oleracea

スベリヒユ科　日本全土に分布

別名　ひょう・ひでり草・よっぱ
　　　らい草

花期　7〜9月

日当たりのよい道ばたなど、地面を這って広がる多肉植物。黄色い小花をつける。畑では嫌われるが、食べられる雑草の代表。葉をゆでるとヌメリが出る。

❀　いつも元気・無邪気

ハナスベリヒユ

スベリヒユ属の学名「ポーチュラカ」
の名で親しまれる。スベリヒユに似て、
丈夫で手間のかからない園芸種。色は
白・黄・桃など多数

コミカンソウ

小蜜柑草 *Phyllanthus urinaria*

コミカンソウ科　本州〜沖縄に分布

別名　狐の茶袋

花期　7〜9月

野や道ばた、畑などに生える。草丈5〜20㎝。小枝の葉の下側に、目立たない花をつける。花後には、径2㎜ほどの赤い果実が並ぶ。色も形もミカンをそのまま小さくしたようで、とても可愛らしい。葉は夜になると閉じる。従来はトウダイグサ科。

🌼 秘めた意思

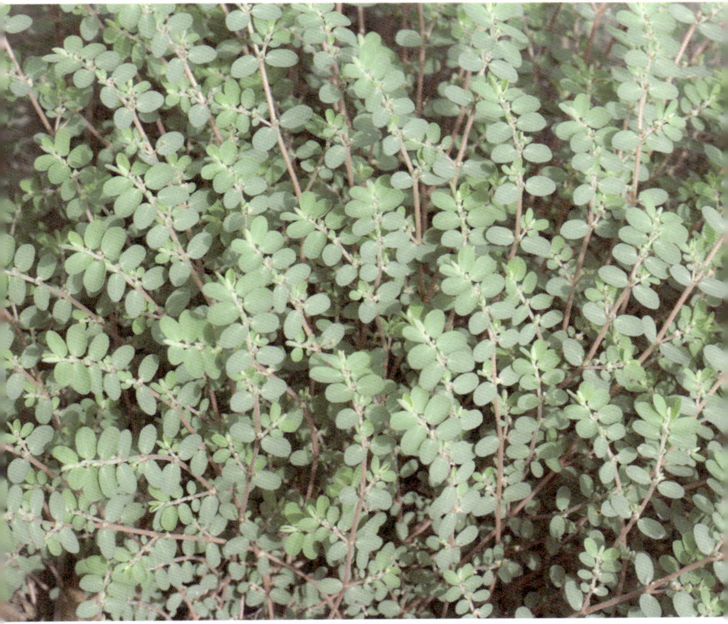

ニシキソウ

錦草　*Euphorbia supina*

トウダイグサ科　本州～九州に分布

花期　7～10月

荒地や畑などの地面を這い広がる。楕円形の葉は対生。葉の脇に、暗紅色の小花が咲く。茎の紅と葉の緑の対比を、錦に例えた。茎を切ると白い液が出る。

執着・密かな情熱

コニシキソウ

北米原産の帰化植物。葉の中央に紫黒色の班紋がある

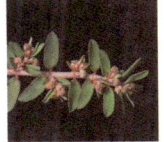

コウホネ　河骨

Nuphar japonicum

スイレン科　日本全土に分布

別名　カワバス・カワホネ

花期　6〜9月

水生植物。花茎の頂に、5cmほどの黄色い厚手の花が咲く。草丈20〜60cm。円形の葉に切れ込みが入る。和名は根が水中にあり、白くゴツゴツしていて、骨のように見えることが由来。

崇高・その恋は危険

オモダカの花

オモダカ

沢瀉・面高　*Sagittaria trifolia*

オモダカ科　日本全土に分布

花期　　8〜9月

別名　　イモグサ・ハナグワイ

水生植物。草丈30〜50㎝。径2㎝ほどの
白い花が咲く。葉や花の形は、沢瀉紋（オ
モダカモン）と呼ばれる家紋のモチーフ
になっている。栽培種のクワイは、中国
でオモダカからつくられたという。

高潔・信頼

ヨシ

葦・芦・蘆・葭

別名　アシ
花期　9〜11月

イネ科　日本全土に分布

Phragmites australis

草丈1〜3mの水生植物。世界中の水辺に分布し、人間の生活文化に深く関わる。茅葺き屋根や船、よしず、楽器にまでなる。

"豊葦原の瑞穂の国（トヨアシハラノミズホノクニ）"とは日本の古名。豊かに生い茂る葦原は、日本の原風景。

音楽・神の信頼・深い愛情

近縁種のキンエノコロ

エノコログサ

狗尾草 *Setaria viridis*

イネ科　日本全土に分布

花期　7〜10月

別名　猫じゃらし

遊び・愛嬌

土のあるところなら、どこにでも生える。草丈20〜70cm。"犬ころ草"が転じた名で、穀物のアワ（粟）とはごく近縁。

カヤツリグサ

蚊帳吊草 *Cyperus microina*

別名　枡草（マスクサ）・トンボ
　　　グサ

カヤツリグサ科　本州〜九州に分布

花期　7〜9月

湿地を好み、道ばたや田畑に出現する。草丈20〜50㎝。茎はまっすぐに伸び、断面は三角形。先端で分かれ、花火のような小さな穂をつける。手ごわい雑草だが、なじみ深い。茎を裂いて枡形にして蚊帳（カヤ）に見立てて遊ぶ。紙の起源パピルス *Cyperus papyrus* L.はカヤツリグサの仲間。

伝統・歴史

イグサ
藺草
Juncus effusus var. decipiens

イグサ科　日本全土に分布

別名　イ・灯心草（トウシンソウ）

花期　6〜9月

花言
従順

草丈10〜70cm。標準和名は"イ"。最も短い植物和名。日本文化には欠かせない植物で、畳表や花むしろなどの原材料となる。湿原に生え、葉は退化してほぼない。緑褐色の花がまばらにつく。茎には白い髄が入っていて、かつては灯心に用いた。

ガマ　蒲　*Typha latifolia*

別名　御簾草（ミスグサ）

花期　6〜7月

ガマ科　日本全土に分布

救護・慈愛・素直

ガマといえば、"因幡の白ウサギ"。浅い水辺に群生し、草丈1〜2m。根は水中の泥を這い、褐色で円柱形の花穂を立てる。葉や花粉、穂綿はさまざまに利用され、なじみ深い植物の一つ。蒲団や蒲鉾、蒲焼など、ガマが語源。

ガマと因幡の白ウサギ伝説
日本の薬草・ハーブの歴史は、ガマからはじまる。その昔、サメに毛をむしられて赤裸で泣いていた白ウサギ。オオクニヌシノミコトに「きれいな水に身を洗い、ガマの穂にくるまれ」と教えられた。たちまちウサギの毛は生え変わり、すっかり元の白ウサギに戻ったという

2

COLUMN
みちくさをたのしむ

Tea time

お茶の時間

晴れた日に野草を摘み、きれいな水で洗い、吊るしたり広げたりして、ゆったりと干すことは、とても幸せで豊かなひとときです。

太陽と風に育まれ、時間をかけてできあがったお茶を、ぜひお気に入りの茶器で、心ゆくまで楽しみましょう。

これまでとは違う、優しくあたたかな気持ちになれるはずです。

つくる基本

1 摘む

ペットや車の往来の多い場所などを避ける。採集時期は、葉なら生長期、花なら開花期、根なら冬。初心者は、花が咲いている時に摘めば、間違いがなくて安心。

2 洗う・水気を切る

泥やゴミなどの汚れを水洗いで落とし、虫が付着していないかも確認する。十分に水気を切り、種類によっては水切り後、一定時間蒸す。

3 乾燥させる

ひもで吊るす・ザルに広げるなどして乾燥させる。直射日光をあてて、日干しに。あるいは風通しのよい日陰で陰干しにする。

4 切る・刻む

乾燥した葉を、ハサミなどで2〜3cmに切り刻む。それをザルなどに広げて再び干し、カラカラにする。または焙じる。

5 保存する

乾燥剤と一緒に紙袋に詰め、密封性の高いビンや缶、ビニール袋などに入れ、風通しのよい冷暗所に保管する。

いただく基本

🌿 **焙じる**

干して乾燥した野草をハサミなどで2〜3cmに切り、フライパンに入れる。弱火にかけ、木べらなどで5分ほど混ぜ、香りが立ったら、火からおろす。新聞紙などの上で冷ましてできあがり。

香ばしくなり、カビを防ぐことができる。

🌿 **抽出する**

茶葉大さじ2を急須に入れ、沸騰させた湯200mℓをそそぎ、3〜5分蒸らす。

🌿 **煎じる**

ヤカン、あるいは鍋に、水1ℓと茶葉大さじ1を入れる。沸騰したら弱火にして、ことこと5〜15分ほど煮出す。

ヤカン、鍋はステンレス製、ホウロウ引きなど金気の移らないものを。

薬効が強いものは、薄めに少しずつ飲むこと。多種類の野草、いつもの緑茶などとブレンドすると、身体への負担が少なくなる。ミントの葉や、干した柑橘類の皮などと合わせても、飲みやすい。

オオバコ p.136

利用部位　葉・花・茎・種子

採集時期　4〜9月　種子は秋

効能　咳止め・利尿・整腸・むくみ

ダイエットに効くお茶として人気。穏やかな渋みと苦みあり、砂糖やハチミツを入れると飲みやすい。アウクビン・タンニン成分を含み、デトックス効果がある。腫れ物には生の葉をあぶって柔らかくなったもの、切り傷にはよくもんだ葉を貼るとよい。

カキドオシ p.67

利用部位　葉・花・茎

採集時期　4〜5月

効能　利尿・解毒・糖尿病・虚弱体質

昔から、子どもの疳（かん）の虫を取る薬草として名高く、西洋でも民間薬として利用される。コリン、タンニン、精油成分を含み、血糖値改善の効果あり。お茶にして、砂糖やハチミツ、ミルクを落とすとおいしい。入浴剤や薬草酒、料理にも幅広く使う。

（注）野草の活用では、体質や体調によって、薬との併用や副作用に十分注意が必要です。通院中・妊娠している方は、医者に相談するなどしてから楽しみましょう。

クズ

P.184

利用部位　根・葉
採集時期　根は12〜2月　葉は春
効能　　　風邪・解熱・整腸

風邪に効く生薬として知られ、葛根湯は有名。お茶の味は、とろりとしてまろやか。ショウガやナツメ、シナモンをブレンドすれば、薬効が高まる。砂糖やハチミツを入れてもおいしい。花には、イソフラボンとサポニン成分が含まれ、ダイエット効果がある。

ゲンノショウコ

P.124

利用部位　葉・花・茎
採集時期　7〜10月
効能　　　整腸・口内炎症・冷え・
　　　　　生理痛

胃腸の即効薬として、古くから"医者いらず"と呼ばれる。お茶は濃く煮出すと下痢に、薄めなら便秘に効果的。タンニンを含むので苦みがあるが、のど越しは軽め。ドクダミやヨモギとブレンドしてもよい。入浴剤にすれば、身体があたたまり腰痛に効く。

ジュズダマ p.205

利用部位　茎・葉・果実

採集時期　10〜2月

効能　　　肩こり・神経痛・イボ取り・美肌

焙じると、香ばしいお茶になる。ドクダミ、ゲンノショウコ、麦茶などをブレンドしてもよい。コイクセラノイド成分が含まれ、吹き出物などを抑制する効果や、皮膚の角質層の代謝を高める作用がある。近縁種のハト麦と同様、美白・美肌の薬効を持つ。

シロツメクサ p.48

利用部位　茎・葉・花

採集時期　4〜9月

効能　　　風邪・鎮痛・精神安定

フラボノイド類やタンニンなどの成分が含まれ、女性ホルモンのバランスを整える効果がある。花やツボミだけを摘んで乾燥させ、透明な急須に入れて湯をそそぐと、見ためも楽しめる。近縁種のムラサキツメクサは、西洋ではハーブとして名高い。

スギナ　p.46

利用部位　茎・葉・花
採集時期　4〜7月
効能　　　利尿・アトピー性皮膚炎・
　　　　　花粉症

ツクシが枯れたあとに茎を摘み、お茶にする。ハト麦などとブレンドするとおいしい。ミネラルが豊富で、デトックス・美容効果がある。アトピーや花粉症に効き、入浴剤にも。薬効が強いため、薄めに少しずつ飲むこと。腎臓・心臓病の方、妊婦は避ける。

セイタカアワダチソウ　p.189

利用部位　花・茎
採集時期　9〜10月
効能　　　喘息・胃腸炎・
　　　　　アトピー性皮膚炎

開花直前の花穂を、上から20cmほど摘む。お茶は苦みがあるので、ハト麦などとブレンドし、ミントの葉を浮かべると飲みやすい。エッセンシャルオイルや入浴剤にも利用。デトックス効果が強いため、発疹などの好転反応が出ることも。薄めに少しずつ飲む。

タンポポ

p24

利用部位　葉・花・根

採集時期　3〜5月

効能　利尿・肝臓強壮・整腸・母乳促進

タンポポコーヒーは、刻んで乾燥させた根を焙じ、ミキサーで粗びきにしてつくる。濾して飲むと、軽い甘みと香りを楽しめる。お茶にするときは、葉と根を利用。ミネラルが豊富で、血糖上昇の抑制に効く。女性の美容、出産前後の栄養補給にもよい。

ツユクサ

p108

利用部位　茎・葉・花

採集時期　5〜7月

効能　喘息・解熱・利尿・整腸

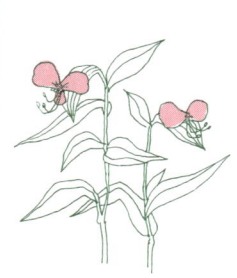

花が咲いている午前中に摘んで蒸し、お茶にする。水分が多く乾燥しにくいため、茎と葉を分けて日干しにする。クセがなく飲みやすい。料理には花や若菜を使い、生のままサラダやおひたしにする。ツユクサの青汁には、解熱・デトックス効果がある。

ドクダミ p112

利用部位　茎・葉・花・根

採集時期　6〜7月

効能　　利尿・整腸・血圧降下・皮膚炎

古くから薬草として名高い。焙じると香ばしくなり、ミントとブレンドしてもおいしい。フラボノイド類を含み、デトックス・血流改善効果がある。アトピーや花粉症にも効き、化粧水・入浴剤に使う。カリウムが豊富なため、腎臓機能の弱い方は要注意。

ヨモギ p35

利用部位　葉

採集時期　5〜7月

効能　　血行促進・鎮痛・止血・解毒

美容やリラックス効果、ホルモン調整など、女性に優しい万能ハーブ。タンニン・葉緑素・サポニンなどを含む。お茶は、草餅の香りがして、少し青臭い。ローズマリー、ローリエとブレンドすると、さっぱりとしておいしい。薬草湯、料理などに幅広く活用。

野の花の砂糖漬け

材料

野の花⋯⋯適量
——ハルジオン
ヘビイチゴ
タンポポ
オオイヌノフグリ
——キュウリグサなど

卵白⋯⋯1個分
グラニュー糖⋯⋯適量

ハケまたは小筆
クッキングペーパー

つくり方

1 摘みたての野の花を冷水でよく洗い、キッチンペーパーでしっかり水気をとる。

2 卵白を泡立たせず、切るようによく溶きほぐす。

3 2をハケまたは小筆で、花の隅々まで優しく塗る。

4 花が潰れないように、グラニュー糖をまぶしつける。

5 重ならないようにクッキングペーパーの上に並べ、2〜3時間ほど乾かす。

6 密閉容器に乾燥剤と一緒に入れ、冷蔵庫に保存する。

ティータイムのお茶うけに
どうぞ。
きれいに仕あげるポイント
は、卵白を塗り過ぎないこ
と。 余分なグラニュー糖
は、よく払い落とすこと。
ケーキのトッピングにした
り、紅茶に浮かべたりして
も可愛い。

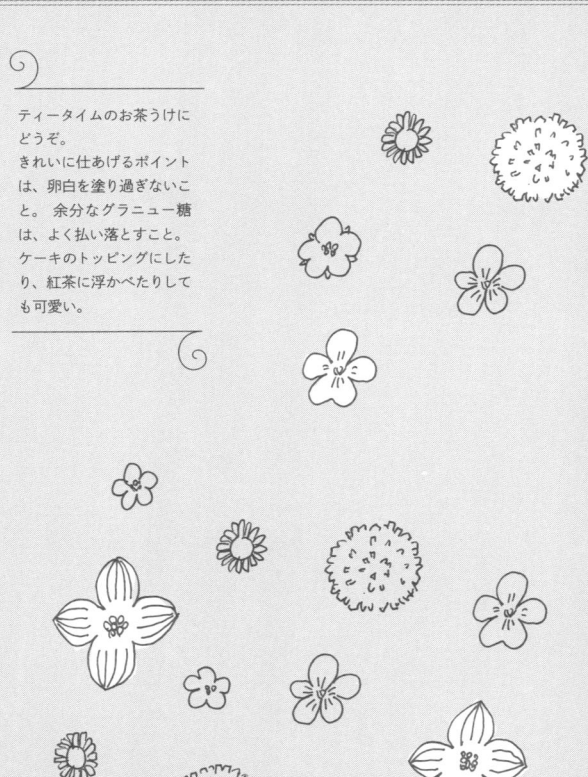

野の花のお酒

材料

野の花 —— 100〜150g
タンポポ、スミレなど

食用アルコール —— 900㎖
35度以上のホワイトリカー、
ウォッカ、ラム酒など

氷砂糖 —— 100g

つくり方

1 摘みたてのタンポポまたはスミレなどの花を冷水でよく洗い、キッチンペーパーでしっかり水気をとる。

2 ザルなどに並べ、一晩陰干しする。

3 煮沸消毒したビンに、氷砂糖・タンポポまたはスミレ・アルコールの順番に入れる。

4 フタを閉め、冷暗所に保存。時折ビンを揺すって、氷砂糖を溶かす。

5 1カ月たったら花を取り出して濾し、3カ月熟成させてできあがり。

花酒は、容器に¼ほどの
花 +35度以上のアルコー
ルが基本。
花の種類や分量、熟成期
間はお好みで。自分だけ
のレシピを持つのも楽し
い。氷砂糖を入れないで
つくると、チンキとなり、
料理や入浴剤、化粧水に
も使える。

秋冬

ツリガネニンジン

釣鐘人参

Adenophora triphylla var. japonica

別名　トトキ・ツリガネソウ

キキョウ科　日本全土に分布

花期　8〜10月

野や草地に生える。草丈60〜90cm。茎を伸ばし、頂きに釣鐘型の淡い紫色の花を、うつむき加減に並べる。若芽は山菜のトトキ。根は朝鮮人参に似ていて、生薬になる。

詩的な愛

キキョウ

桔梗 *Platycodon grandiflorus*

別名　キキョウ科　日本全土に分布

花期　6〜9月

別名　キチコウ・オカトトキ

秋の七草は、萩の花・尾花・葛花・撫子の花・女郎花・藤袴、朝貌（アサガオ）の花。

"朝貌の花"は諸説あるが、キキョウのこと。野山に生息し、茎の頂きに紫、白の星型の花を咲かす。草丈40〜60㎝。

万葉の時代から、親しまれてきた身近な野草だが、現在は絶滅危惧種。

誠実・清楚・永遠の愛

オミナエシ
女郎花 *Patrinia scabiosaefolia*

オミナエシ科　日本全土に分布

別名　オミナメシ・粟花

花期　6〜9月

秋の七草の一つ。野や道ばたに生える。草丈60〜100cm。長い花茎を伸ばし、黄色い花が頭部に群がって咲く。女性的で繊細な花姿が愛される。ただし匂いは悪い。

🌼 美人・儚い恋・あの人が気がかり

オトコエシ（男郎花）もある。白い花が咲く

カワラナデシコ

河原撫子

Dianthus superbus var. longicalycinus

花期　6〜9月

ナデシコ科　本州〜九州に分布

秋の七草の一つ。古名は〝常夏〟。日当たりのよい草原や河原に生える。草丈は30〜80cm。細い花茎の先に、可憐な花を咲かす。花びらは細く裂け、淡い紅や白色。

可憐な純情

ヤマハギ

山萩　*Lespedeza bicolor var. Japonica*

マメ科　本州〜九州に分布

別名　エゾヤマハギ

花期　6〜9月

秋の七草の一つ。一般に"萩"といえばヤマハギのこと。林の縁や草地に生える。

高さ1〜2mほどになり、草にみえるが低木。蝶形の花は、紅紫色で2cm前後。上部の茎は柔らかく、地面にまで垂れ下がる。

❀　柔らかな心・内気な愛情・思案

ヌスビトハギの実

ヌスビトハギ

ヤマハギに似た可愛い花をつける。実の形が盗人の「忍び足」の形をしている。茶色の部分は毛が密生していて、衣服につく。〝ひっつき虫〟の一つ。

クズ　葛　*Pueraria lobata*

花期　　8〜10月

別名　　裏見草（ウラミグサ）

マメ科　日本全土に分布

秋の七草の一つ。濃い紫の花は甘く香る。つる植物。根は漢方薬や、くずきり・葛餅など、和菓子の材料になる。葉の裏が白く、風に吹かれてひるがえる様子を、恋心に例えられる。繁殖力があり、ひと夏で10mも成長し、雑草としてはやっかい。

恋のため息・芯の強さ・治癒

フジバカマ

藤袴

Eupatorium japonicum

花期　8〜10月

別名　アララギ・香草（コウソウ）

キク科　本州〜九州に分布

秋の七草の一つ。やや湿った草地を好む。草丈1m前後。茎の先に径5mmほどの小花を咲かす。藤色の花びらの形が、袴（ハカマ）に似ている。茎や葉によい香りがあり、匂い袋に入れたりする。絶滅危惧種。

❀　ためらい・優しい思い出

アキノノゲシ
秋の野罌粟

キク科　日本全土に分布　*Lactuca indica*

別名　乳草（チチクサ）・兎草（ウ
　　　サギグサ）

花期　9〜11月

野や荒れ地に生える。草丈1m以上。春咲くノゲシに、姿が似ている。茎先に咲く、淡い白黄色の花は、控えめで美しい。花後は白い冠毛をつくり、種子を飛ばす。

レタスの仲間で、茎や葉を切ると、白い乳液がでる。ウサギの好物。

❀　控えめな人・幸せな旅

ヨメナ　嫁菜 Aster yomena

キク科　本州〜九州に分布

別名　萩菜（ハギナ）

花期　9〜11月

草地や畦道に生える。身近な野菊の一つ。草丈50〜100㎝。

白や薄紫の花は、若いお嫁さんのように、清楚で優しげ。古くから春の若菜を摘んで、ご飯に混ぜるなどして食用にする。古名は"ウハギ"。

隠れた美しさ・女性の愛情

コセンダングサ

小栴檀草

キク科　北米原産

Bidens pilosa var. pilosa

花期　9〜11月

やや湿った野や道ばたに生える帰化植物。茎は直立し、50〜100cm。枝の先に、黄色い小花を咲かす。種子には2本以上のトゲがあり、そのトゲに小さな歯がついている。衣服に刺さると取れない。"ひっつき虫"の一つ。

いたずら好きの子ども

セイタカアワダチソウ

背高泡立草

Solidago canadensis var. scabra

花期　10〜11月

キク科　北米原産

草丈1〜3mにもなる帰化植物。英名は Canada golden-rod（カナダの金色の鞭）。大きな群落をつくり、鮮やかな黄色い小花を、泡立つように咲かせる。花粉症の原因とされたが、誤解。もともとは観賞用として渡来した。アメリカ・ネブラスカ州では州花。

🌸

元気・生命力

オナモミ

巻耳

Xanthium strumarium

キク科 日本全土に分布

別名　ひっつき虫・くっつき虫・バカ

花期　8〜10月

荒地や道ばたに生える。草丈50〜100cm。緑色の花をつける。1cmほどの楕円形の果実は、強力な"ひっつき虫"。多くのトゲと剛毛を持つ。マジックテープは、飼い犬の毛についたオナモミがヒントになって、開発された。在来種は絶滅危惧種。

　頑固・怠け癖・粗暴

イノコヅチ
猪の子槌
Achyranthes bidentata var. japonica

別名　節高（フシダカ）・コマノ
　　　ヒザ

花期　8〜9月

野や道ばたなどに生える。草丈1m
ほど。茎の太くなった節が、イノシ
シの子どもの膝頭に似る。根は漢方
薬の"牛膝（ゴシツ）"。10〜20cmほど
の花穂に、緑色の小花を多くつける。
種子は、2本のトゲを持つ"ひっつ
き虫"。

❀

人懐っこい・二重人格

アカネ 茜 *Rubia argyi*

別名　アカネカズラ

花期　8〜10月

アカネ科　本州〜九州に分布

野や道ばたに生えるつる性植物。茎や葉にトゲがあり、他のものに絡んで長く伸びる。

星型の花は、淡い白緑色で径3mm前後。乾燥した根は古くから、染料に使われた。

色の名は〝茜〟。夕焼けのように、わずかに黄色い沈んだ赤をいう。

私を想ってください・媚びる

カナムグラ

鉄葎
Humulus japonicus

花期　8〜10月

アサ科　日本全土に分布

荒地や道ばたに生えるつる性植物。茎や葉にトゲがあり、他のものに絡む。万葉集で歌われる〝八重葎〟は、カナムグラのことという。雄株と雌株があり、雌花は丸い紫色の果実をぶら下げる。近縁種のホップは、ビールの苦み成分として使われる。

❀

力強い人

ヨウシュヤマゴボウ

洋種山牛蒡 *Phytolacca americana*

ヤマゴボウ科　北米原産

別名　アメリカヤマゴボウ
花期　9〜10月

草丈2mまで成長する帰化植物。全草有毒。茎は赤く、根がゴボウに似る。花穂は垂れ下がり、白い小花が咲く。果実は丸く、径8mmほどのブドウ色。潰すと赤紫の汁がでる。染料になり、子どもたちは色水をつくって遊ぶ。英名はインクベリー（ink berry）。

野生・元気・内縁の妻

ノブドウ　野葡萄

Ampelopsis glandulosa var. heterophylla

ブドウ科　日本全土に分布

別名　イヌブドウ・カラスブドウ

花期　9〜11月

ヤブや空き地、道ばたに生える。つる性の落葉低木。7〜8月頃、ヤブガラシの花に似た、径4mm前後の小花を多く咲かす。花期後、はじめは緑色、熟すと青紫色、赤紫色の実をつける。宝石のように美しいが、食べられない。

慈悲・慈愛

ヒガンバナ

彼岸花

ヒガンバナ科　日本全土に分布

Lycoris radiata var. Radiata

別名　曼珠沙華・狐花・相思華（ソ
　　　ウシバナ）

花期　9月中旬

情熱・想うはあなた一人

畦道や土手、墓地などに群生する。
秋彼岸の頃、30cmほどの花茎が突然
伸びはじめ、先端に長い雄しべ・雌
しべを持つ、真紅の花が咲く。全草
有毒。球根は食用・薬用にもなる。

相思華（ソウシバナ）

「花は葉を思い、葉は花を思う」。ヒガ
ンバナは、花が咲くときには葉が出
ておらず、葉が出る頃には花が散ってし
まう。そのため、韓国では、"相思華
（サンチョ）"と呼ぶ

ツリフネソウ
釣船草 *Impatiens textori*

ツリフネソウ科　日本全土に分布

別名　野鳳仙花（ノホウセンカ）

花期　8〜10月

水辺や湿地に生える。草丈40〜80㎝。花は径3㎝ほどで紅紫色。帆かけ船を吊り下げたような形をしている。学名のインパチエンスは、ラテン語の「我慢できない」が語源。仲間のホウセンカと同じで、少しでも触れると、種子がはじけ飛ぶ。

私に触れないで・詩的な愛

ホトトギス

杜鵑
Tricyrtis hirta

ユリ科　日本全土に分布

花期　8〜11月

別名　油点草（ユテンソウ）

野山に生息し、半日陰を好む。草丈40〜100㎝。葉の脇に、径2〜3㎝の花が上向きに咲く。花びらには紫の斑点が入り、それをホトトギスの胸にある模様に例えた。開花時、小さな鳥が群れ飛んでいるようにみえる。野趣ある草姿を愛され、庭植えも多い。

永遠にあなたのもの

ツルボ　蔓穂

キジカクシ科　日本全土に分布

Scilla scilloides

別名　参内傘（サンダイガサ）

花期　5〜10月

野山や草原に生える。草丈10〜20cm。茎を突然に伸ばし、花穂に薄紫の花を多く咲かす。別名の"参内傘"とは、公家が宮中に参内するとき、従者に持たせた柄の長い傘のこと。球根は、ヒガンバナと同じように、水にさらしてよく煮れば食用になる。

誰よりも強い味方

ワレモコウ

吾亦紅・吾木香　*Sanguisorba officinalis*

バラ科　日本全土に分布

花期　7〜11月

秋を代表する山野草。草丈30〜100cm。

茎先の花穂は2cm前後の卵型。花は上から順に咲く。赤みを帯びた茶色の部分はガク。

その昔、この花の色について議論している際、花自身が「我もまた紅なり」と声を出した。だから、"吾亦紅"と名づけられたという。

❁

明日への期待・愛慕・変化

イヌタデ
犬蓼
Persicaria longiseta

タデ科　日本全土に分布

別名　赤まんま

花期　6〜11月

野や道ばたに生える。草丈20〜50cm。
花穂は長さ1〜5cmで、紅色の小花
が多く咲く。花びらのようにみえる
ものはガク。
食用のヤナギタデ（ホンタデ）に対
し、役に立たないタデという意味で
"イヌ"がついた。
子どもの、おままごと遊びに使われる。

あなたのお役に立ちたい

ミズヒキ

水引き　*Persicaria filiformis*

別名　ミズヒキソウ

花期　8〜10月

タデ科　日本全土に分布

やや日陰の、林の縁や道ばたなどに
生える。

草丈40〜80cm。細長い花穂に、小花
をまばらにつける。花びらのような
ものはガク。上から見ると赤く、下
から見ると白い。それを慶事に使う
紅白の水引に例えた。

めでたい草姿から、茶花としても親
しまれる。

❀　慶事・祭礼

ママコノシリヌグイ

継子の尻拭い *Persicaria senticosa*

タデ科　日本全土に分布

別名　トゲソバ

花期　5〜10月

林縁や道ばたなどの日陰に生える。草丈1m前後で、茎はつる状。茎と葉に、鋭い逆トゲがある。枝先の小花は、径5㎜の薄桃色。意地悪な名前に負けぬほど、可愛らしい。

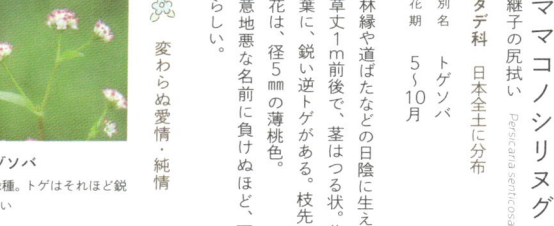

ミゾソバ
近縁種。トゲはそれほど鋭くない

変わらぬ愛情・純情

ジュズダマ

数珠玉

Coix lacryma-jobi

イネ科　日本全土に分布

別名　唐麦(トウムギ)・ズズコ

花期　7〜10月

蛙道や川岸など、水辺に生える。草丈80〜150cm。固く艶のある壺型のものは、果実を包む "苞鞘(ホウショウ)"。これに紐を通し、数珠をつくる。英名は "ヨブの涙"。旧約聖書「ヨブ記」の主人公の流した涙に、苞鞘を例えた。ハトムギは栽培種。

❀

恩恵・祈り・成し遂げられる思い

チカラシバ

力芝　*Pennisetum alopecuroides*

別名　道芝
イネ科　日本全土に分布
花期　9〜11月

日当りのよい草地や道ばたに生える。草丈50〜70cm。エノコログサが犬の尾なら、こちらはオオカミの尾。長さ3cm前後の、剛毛が生えた小穂を多くつける。地中にしっかりと根を張り、両手で力いっぱい引っ張っても抜けない。名の通り、

❀ 信念・気の強い・尊敬

206

オヒシバ

空き地や道ばたによく生える。葉が上に伸び、四方に花穂を広げる。"雄日芝"と書き、雌日芝（メヒシバ）もある。背はオヒシバの方が低いが、茎が太く丈夫

カゼクサ

草地や道ばたなどで、よく見かける。中国語の"知風草"が和名の由来。大柄な広がった穂に細かい小穂を多数つける

ススキ

芒・薄

Miscanthus sinensis

イネ科　日本全土に分布

別名　尾花・茅、萱（カヤ）

花期　9〜10月

秋の七草の一つ。日当たりのよい草地を好む。草丈50〜70㎝。花に白色の綿毛をつくり、風に乗せて種を散布する。

なじみ深い植物で、古くは屋根をふくための材料だった。十五夜の月見に、団子や収穫物と一緒に飾られる。

心が通じる

秋の野に　咲きたる花を

指（および）折り　かき数ふれば

七種（ななくさ）の花

萩の花　尾花　葛花

瞿麦（なでしこ）の花

姫部志（をみなへし）

また藤袴　朝貌の花

山上憶良　『万葉集』より二首

3

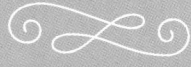

COLUMN

みちくさをたのしむ

·€ Relax time €·

癒しの時間

自然のままに生きている、野の花や道の草。

野草には、大地の恵みがたっぷりと秘められています。ぜひ、その力を五感で、楽しんでみましょう。心と身体も癒されて、草のようにありのままに生きることが、できるようになるかもしれません。

ドクダミの化粧水

材料

ドクダミ……適量

食用アルコール
35度以上のホワイトリカー、
日本酒など

❧ 手作り化粧水を使うときは、腕の内
側や皮膚の柔らかいところにつけ、
一晩様子をみる（パッチテスト）。か
ゆみなどが起こる場合は使用を見合
わせるか、薄めに使う。

つくり方（原液）

1 花盛りのドクダミを摘んで、冷たい水で
よく洗い、吊るして一晩ほど乾燥させる。

2 きれいな葉を選び、煮沸消毒したビンに
ギュウギュウと入れ、アルコールをヒタ
ヒタにそそぐ。

3 フタを閉め、2週間～2カ月ほど冷暗所
にねかせる。1日数回ビンを振る。

4 琥珀色になったものを、布で濾したら原
液のできあがり。新しいビンに移し、冷
蔵庫に保存。

5 原液を小分けにして、お好みで精製水や、
グリセリン、ハチミツなど加える。1～
10日分ぐらいをつくると、いつも新鮮。

開花時期のドクダミが一番
薬効成分が強い。季節ご
との肌のコンディションに
合わせ、ブレンドも楽しむ。
肌の弱い方は精製水を加
えて薄める。
グリセリンは保湿効果があ
り、ハチミツは、美肌効果
がある。アロエやユズの種、
にがりなどもよい。

ハコベ塩の歯磨き粉

材料

ハコベの青汁—— 大さじ2

ハコベ—— 100g

水—— 50ml

塩—— 大さじ2

ハッカの粉末—— 大さじ1

つくり方

1 ハコベを摘んできれいに洗い、水を加えてミキサーにかける。

2 塩をフライパンに入れ、布で漉した1を少しずつ加え、焦がさないように混ぜながら炒る。

3 サラサラとした緑色の粉末になれば、できあがり。

🌿 乾燥させたハッカの粉末を3に合わせると、清涼感がでて効果的。

歯茎が出血したり，腫れて
痛むときに、歯ブラシの表
面につけてこする。
抹茶塩のようにして、天ぷ
らなどにつけていただいて
もおいしい。
摘んだハコベを天日干しに
して、ブレンダーなどで粉
末状にして、塩に混ぜて
炒るつくり方もある。

野の草の入浴剤

材料

野の花 —— 適量

ヨモギ
ドクダミ
セイタカアワダチソウ
カキドオシ
ゲンノショウコ
スギナ など

つくり方

野草の入浴剤（薬草湯）のつくり方の基本は3つ。

① 生のまま使う
② 干して刻む
③ 干して煮出す

チンキ（175p参照）を浴槽の湯に、数滴垂らしてもよい。

干して刻む

1 野の草を摘み、天日干しにして、乾燥させる。

2 乾燥葉を1〜2cmに、ハサミで刻む。ティーパックや布に詰め、浴槽の湯に浮かべる。

干して煮出す

1 野の草を摘み、天日干しにして、乾燥させる。

2 鍋に湯を沸かし、*1* を入れて5〜10分煮出す。葉を取りのぞく。
（生の葉でもよい）

3 煮汁を浴槽の湯を入れてできあがり。

天然塩やショウガ、柿の葉、
または各種の草をブレン
ドしたりして、自分の肌に
合ったお気に入りの入浴
剤をつくるのも、楽しみの
一つ。

野の花の足湯

材料

216pの原湯

野の花── お好みで適量

天然塩── 小さじ1〜2

大きめのボウル、たらい

さし湯

つくり方

1 216pの原油を、40〜43度まで冷ます。野の花を散らす。

2 ボウルやたらいに、*1*と塩を入れ、足を浸す。くるぶしより指3本分ほど上までの深さ。

3 冷めてきたら、熱い薬湯を足す。これを繰り返しながら、20〜30分足湯をする。

4 足湯のあとは水分をふき取り、ショウガのしぼり汁とごま油(各小さじ½)をよく混ぜ合わせたオイルを、足にすり込む。保湿・デトックス効果が高くなる。

218

足湯をすると、血液循環
がよくなり、身体の芯まで
あたたまる。部屋の中で、
服を着たままできるので、
読書をしたりお茶をのんだ
りしながらリラックス。小
さな花や葉を浮かべると、
見ためも優しい。
手浴もおすすめ。

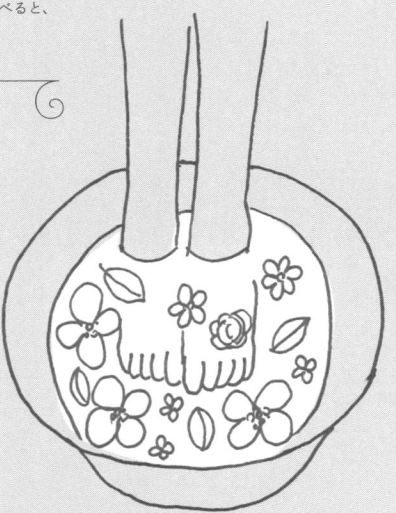

野の花のブーケ

材料

野の花・道の草 …… お好みで適量

キッチンペーパー

ラップまたはアルミホイル

クラフト紙など

輪ゴム

ひもまたはリボン

下準備

1　束ねるところよりも、下についている葉やトゲを取りのぞく。

2　水の中に茎を浸し、ハサミで2、3cm先を切る(水切り)。

3　深めの水にしばらく入れたあと、水から出す(水揚げ)。

4　紙の対角線を持ち、花束の真ん中で合せるように重ねる。茎の部分で紙をぎゅっと締め、輪ゴムで固定する。

5　固定した部分にひもやリボンを結んで、できあがり。

3　長方形にカットした紙の上に花束を斜めに置く。

※　横の長さは縦の1.5倍ほど必要

つくり方

1　水揚げした野の花を束ね、正面がどこにくるかを決める。

2　水に濡らしたキッチンペーパーで切り口を包み、ラップなどでさらに包む。その上を輪ゴムでくくる。

ふわっとしたブーケにするときは、
ひだをつくりながら結び、紙の先
の方が大きく開くようにする。

シロツメクサの花飾り

材料

シロツメクサ──適量

つくり方1 編む

1 シロツメクサの茎を、できるだけ長く摘む。

2 3本くらいを束にして、そこへ一本ずつひっかけていく。

3 適当な長さにまで編んだら、最後の茎に巻きつけて、できあがり。

つくり方2 鎖つなぎ

1 茎の長さを切りそろえる。

2 爪で茎を割く。どんどんつなげ、最後は大きく割いて、はじめの花をくぐらせて、できあがり。

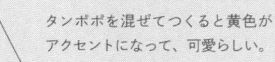

タンポポを混ぜてつくると黄色が
アクセントになって、可愛らしい。

Part

2

草のこと葉

Words on the grass

草　くさ

1　植物の一種。地上に現れている部分が柔らかく、木質部を持たないもの。木に比べて小さく、寿命が短い。草本（そうほん）。

2　役に立たない雑草。つまらない草。

3　牛馬の餌にする草。まぐさ。

4　屋根を葺（ふ）く、藁・カヤ。

5　名詞について、正式ではないものを表す。素人の。「―野球」「―競馬」

荒草　あらくさ
生い茂った雑草。荒れて乱れた草。

小草　おぐさ
草。小さな草。または、草の美称。

草占い　くさうらない
草を使った占い。道ばたに生えている草を結び合わせたり、草が風になびく様子を見て吉凶を占う。

草茅姫　くさかやひめ
草花の祖。草をつかさどる女神。

草尽くし　くさづくし
いろいろな草花を描いた模様。

226

草つ月　くさつづき
陰暦8月の異名。草花の盛りの月という意味。

草深い　くさぶかい
草が深く生い茂っているさま。田舎めいた辺ぴな地のこと。

草枕　くさまくら
旅。旅寝。草の枕。草を束ねた仮の枕という意味から。

草物　くさもの
生け花に使う草本や草花の総称。

草分け　くさわけ
草深い未開の土地や荒地を、はじめて切り開くこと。ある物事をはじめて起こすこと。また、その人。

恋草　こいぐさ
恋する気持ちが激しく燃えあがる様子を、草の生い茂るのに例えていう言葉。

草露　そうろ
草の上に結んだ露。儚いことの例えにいう。

名無し草　ななしぐさ
名もない、つまらない雑草。

夕陰草　ゆうかげぐさ
夕方の薄明かりの中にある草。夕日に照らされている草。

霊草　れいそう
尊くて不思議な効力を持つ草。めでたい草。瑞草（ずいそう）。

草を結ぶ　くさをむすぶ
①草と草を結び合わせ、旅の安全・幸運など
を願う。②《結んだ草を枕にすることから》
旅で野宿する。旅寝する。③草を結んで、道
しるべにする。

草俯いて百を知る
くさうつむいてひゃくをしる
優秀な人は、慎み深く出しゃばらないが、よ
く物事を知っている。

草の根を分けて探す
くさのねをわけてさがす
あらゆる手段を尽くして隈々まで探す。

草も揺るがず
くさもゆるがず

少しも風がなくて暑い様子。世の中がよく治
まって太平なさま。

草を打って蛇を驚かす
くさをうってへびをおどろかす

何気なくしたことが、意外な結果を生むこと。
一人を懲らしめて、他の者たちを戒めること。

疾風に勁草を知る
しっぷうにけいそうをしる

激しい風が吹いて、はじめて丈夫な草が見分
けられる。困難にあって、はじめてその人間
の価値や強さがわかること。

春

茎立ち　くくたち
菜っ葉類の花茎が高く伸び出ること。トウが
立つこと。

草青む　くさあおむ
春が立ち、野原や道ばたなどで、萌え出た草
が青々としてくること。

草霞む　くさかすむ
草原が霞でかすんで見えること。

草の芽　くさのめ
春になり、萌え出た草の若芽。

草若葉　くさわかば
春先に萌え出た草が、晩春になって若々しく
伸びた様子。

摘み草　つみくさ
春先、野原に出かけて、食用の野草や草花を
摘んで楽しむこと。

春の草　はるのくさ
萌え出たばかりの草。名のある草も雑草もみ
な、みずみずしく匂うばかり。春草（しゅん
そう）。芳草（ほうそう）。草芳し。

春の野　はるのの
雪が消え、草木が萌え出て緑に染まる野。

若草　わかくさ
萌え出たばかりの若々しく柔らかな春の草。
新草（にいくさ）。

若菜　わかな
春の七草の総称。あるいは春に芽生えたばか
りの食用になる草。

230

夏

草いきれ くさいきれ
夏の日盛り、太陽の光に灼かれた草むらの、むせかえるような熱気。

草刈り くさかり
夏、草を刈ること。刈り取った草を干して、家畜の飼料やたい肥にする。

草矢 くさや
チガヤやススキ、アシなどの葉を矢の形に割いて指にはさみ、空中に飛ばす遊び。

草笛 くさぶえ
草の葉や茎を口にあて、笛のように吹き鳴らすもの。

草茂る くさしげる
夏、雑草が生い茂っている様子をいう。

夏草 なつくさ
野山や道ばたに生い茂る夏の草。青々と生命感にあふれる。

夏野 なつの
夏草が茂り、青々とした野原。青野。

万緑 ばんりょく
夏のみなぎるような生命力が感じられる。見渡す限りの緑。

水草の花 みずくさのはな
オモダカ、コウホネなどのほか、名もない水草も夏、花を開く。

薬草摘み やくそうつみ
陰暦五月五日は薬の日。かつては山野に行き、薬草を摘んだ。薬狩りともいう。

秋

秋草 あきくさ
秋に花が咲く草の総称。秋の七草から雑草まで、優しげで繊細。色草。千草とも。

秋の野 あきのの
秋草が咲き、虫の音が聞こえる秋の野原。

草蜉蝣 くさかげろう
透明な翅を持つ、緑色の小さな虫。夕暮れの草原などにみられる。

草の花 くさのはな
いろいろな野草の花。季語では草花は秋。小さく可憐な花が多い。

草紅葉 くさもみじ
秋草の色づいたもの。道ばたや野で、わずかに紅葉した雑草なども可憐。

冬

末枯れ　うらがれ
草木の枝先や葉先が、寒さで枯れること。

枯野　かれの
草がまったく枯れ果てた野。

時雨の色　しぐれのいろ
時雨のため、草木の葉が色づくこと。

冬野　ふゆの
冬の野原。枯野ほど、枯れ果ててはいない。

冬の草　ふゆのくさ
冬のなお青々としている草。冬草。

いかに見栄えのしない草でも春とともに花になるように、人は恋することによってそれ自身を花咲かせる。

野上弥生子　のがみ　やえこ
（作家　日本）

小川のせせらぎにも、草の葉のそよぎにも、耳を傾ければそこに音楽がある。

ジョージ・ゴードン・バイロン
（詩人　イギリス）

五月の朝の新緑と薫風は
私の生活を貴族にする

萩原朔太郎　はぎわら　さくたろう

（詩人　日本）

どんなつまらない雑草でも花でも、
懐かしい日記の一片となり得るのである。

ヨハン・ヴォルフガング・フォン・ゲーテ

（詩人・作家　ドイツ）

あるがまま雑草として芽をふく

種田山頭火（俳人　日本）

疲れた人は、
しばし路傍の草に腰をおろして、
道行く人を眺めるがよい。
人は決してそう遠くへは行くまい。

イワン・セルゲーエヴィチ・ツルゲーネフ

（作家　ロシア）

何かに注意を向けた瞬間、たとえ草の一葉
であろうとも、それは神秘的で、荘厳で、
言葉では表すことのできない崇高な世界に
変わる。

ヘンリー・ミラー
（作家　アメリカ）

今はただの草のように見えていても、
時期が来れば花を咲かせる。

ことわざ（日本）

草を見る心は己自身を見る心である。
木を識る心は己自身を識る心である。

北原白秋（詩人　日本）

野に生ふる　草にも物を　言はせばや
涙もあらむ　歌もあるらむ

与謝野鉄幹（作家　日本）

花のこと葉

Words on the flowers

花／華　はな

1　高等植物の繁殖をつかさどる器官。ある
　時期に開き、多くは美しい色やよい香り
　をもつ。葉の変形である花葉、茎の変形
　である花軸からなる。

2　花のようであること。

3　美しく、盛りであること。

4　真髄・名誉・ほまれ

花燭　かしょく
華やかなともし火。美しく彩色したロウソク。
または婚礼。「―の典〈てん〉」。

花信　かしん
花が咲いたことの知らせ。花便り。

花神　かしん
花をつかさどる神。花の精。

花心　はなごころ
はなやかなウキウキした心。風流な心。移り
気な心。

花暦　はなごよみ
いろいろな季節の花を月の順に配列し、季節
感や自然との関わりを楽しむ暦。

花のおさまり　はなのおさまり
果実についている花の名残のこと。花おさまりともいう。

六つの花　むつのはな
雪の異称。6弁の花のように結晶する。

雪月花　せつげっか／せつげつか
雪と月と花。日本の四季における、代表的な美しい自然の眺め。

桃花水　とうかすい
桃の花の咲く頃、氷や雪が解けて大量に流れる川の水。

花逍遥　はなしょうよう
花を見ながら散歩すること。花見がてらにぶらぶら歩くこと。

花綵列島　かさいれっとう
日本列島は、大小三千余りの島々が連なる。その形を、花を編んでつないだ花綱（はなづな）に例えたもの。花綱列島とも。

花鳥風月　かちょうふうげつ
美しい自然の風景や、それらを楽しむ風流を意味する。花と鳥は、愛でられる自然の代表。風と月は、自然の風景の代表。

百花繚乱　ひゃっかりょうらん
①さまざまな花が咲き乱れること。②すぐれた業績や人物が、競い合うように数多く現れること。

落花流水　らっかりゅうすい
落ちた花が水に従って流れる様子。過ぎてゆく春の景色。男女が互いに慕い合うこと。

薊の花も一盛り
あざみのはなもひとさかり

トゲが多く、あまり見栄えのしないアザミで
も、花が咲く美しい時期がある。

蝶よ花よ ちょうよはなよ

蝶のような花のようだと、子どもを可愛がっ
て大切に育てること。

花盗人は風流のうち
はなぬすびとはふうりゅうのうち

美しい花を、つい手折ってしまうのは、風流
というもの。とがめるほどではない。

花は折りたし梢は高し
はなはおりたしこずえはたかし

思うようにならないことの例え。

244

花は根に　鳥は古巣に
はなはねに　とりはふるすに
咲いた花は木の根元に散り、空飛ぶ鳥は巣に
帰る。物事はすべて、その本（もと）に還る
ことの例え。

花も恥じらう　はなもはじらう
花さえ恥じらうような美しい女性のこと。

花も実もある　はなもみもある
外見も中身も充実して立派であること。また、
人情の機微に通じていること。

やはり野におけ蓮華草
やはりのにおけれんげそう
野原で咲いているからこそレンゲソウは美し
い。摘んで自分のものにするのではなく、自
然のままの姿を愛でるがふさわしい。

春

花客 かかく／かきゃく
花を見る人。花見の客。

桜貝 さくらがい
色と形が桜の花びらに似ている美しい二枚貝。瀬戸内海に多い。花貝とも。

花時 はなどき
花の咲く時期。花盛りのとき。特に桜の花。

花冷 はなびえ
桜が咲く頃の、一時的な冷え込み。

花菜雨 はななあめ
菜の花の咲く頃に続く雨。

夏

お花畑 おはなばたけ
高い山にある花の多い草原のこと。高山植物の咲き乱れた一帯。

恋忘れ草 こいわすれぐさ
カンゾウの異名。恋の切なさ、苦しさを忘れさせてくれる。

水中花 すいちゅうか
造花の一種。水を吸うと花のように開く。生花、ドライフラワーを使うことも。

花氷 はなごおり
氷の柱などに、色とりどりの草花を閉じ込めたもの。室内に飾り、涼をとる。

秋

秋七草 あきななくさ
秋の野に咲く代表的な草花のこと。秋の七草。
ハギ・ススキ・クズ・ナデシコ・オミナエシ・
キキョウ・フジバカマ。

野の花 ののはな
秋の野に咲く草の花。秋草。百草の花。

花野 はなの
秋の野の花が咲き乱れる野原のこと。

花の弟 はなのおとと
菊の別名。他の花に遅れて咲くことから。

花紅葉 はなもみじ
花のように鮮やかな紅葉。または、春秋の美
しい自然の眺めのこと。

冬

帰り花 かえりばな
季節はずれに咲く花。返り咲きの花。忘れ咲き、
忘れ咲きとも。

風花 かざはな／かざばな
晴天にちらつく小雪のこと。風に舞うように
ちらちらと降る。

枯尾花 かれおばな
尾花とはススキのこと。枯れたススキの穂。

雪中花 せっちゅうか
水仙の別名。まだ雪の残る寒さの中にあって
甘く香り、春の訪れを告げてくれる。

あなたと一緒に歩くときは、ぼくはいつも
ボタンに花をつけているような感じがします。

ウィリアム・メークピース・サッカレー

（作家　イギリス）

別れる男に、花の名を一つは教えておきなさい。
花は毎年必ず咲きます。

川端康成　かわばた　やすなり
（作家　日本）

秘すれば花なり、秘せずば花なるべからず。

世阿弥　ぜあみ

（能役者　日本）

自由と書物と花と月がある。
これで幸せでない人間などいるものだろうか。

オスカー・ワイルド

（劇作家　イギリス）

天には星、大地には花。
そして、人間には愛がなければならない。

ヨハン・ヴォルフガング・フォン・ゲーテ

（詩人・作家　ドイツ）

愛とは、手で触れることはできなくても、
香りで庭を美しくしてくれる花のようなも
のです。

（社会福祉活動家　アメリカ）

ヘレン・ケラー

お花が散って、実が熟れて、
その実が落ちて、葉が落ちて、
それから芽が出て、花が咲く

金子みすゞ　かねこ　みすず
（詩人　日本）

恋愛は、人生の花であります。
いかに退屈であろうとも、この外に花はない。

坂口安吾　さかぐち　あんご
（作家　日本）

あなたは、これらのかわいい花たちの語る
隠れた言葉を知っているか？
昼間は真理を、夜は愛を……これこそ彼ら
が語る言葉なのだ。

ハインリッヒ・ハイネ〔詩人・作家　ドイツ〕

花発多風雨
人生足別離

ハナニアラシノ　タトヘモアルゾ
「サヨナラ」ダケガ　人生ダ

井伏鱒二訳

干武陵　うぶ　りょう〔詩人　中国〕

Part

3

薬草の庭

Medicinal herb garden

ハナハッカ
花薄荷
Origanum vulgare

 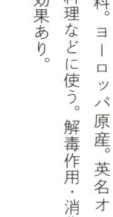 自然の恵み

シソ科。ヨーロッパ原産。英名オレガノ。料理などに使う。解毒作用・消化促進の効果あり。

ニホンハッカ
日本薄荷
Mentha canadensis var. piperascens

迷いからさめる

シソ科。日本原産。湿地や小川の縁に生える。メントール成分を多く含む。歯磨き粉や化粧品に利用。

セイヨウノコギリソウ

西洋鋸草 *Achillea millefolium*

戦い・勇敢・悲嘆を慰める

キク科。ヨーロッパ原産。英名ヤロウ。空地・道ばたに生える。解熱・整腸・美容作用がある。ギリシャ神話の英雄アキレスが傷の手当に使ったといわれる。古代から薬草として有名。

セイヨウカノコソウ

西洋鹿の子草 *Valeriana officinalis*

真実の愛情

オミナエシ科。ヨーロッパ原産。英名バレリアン。ハーブティーなどに使う。鎮静、催眠効果が抜群。匂いが強烈で"魔女の薬草"と呼ばれる。

クマツヅラ

熊葛　Verbena officinalis

　心を奪われる

クマツヅラ科。日本全土に分布。荒地や道ばたに生える。英名バーベイン。洋の東西を問わず、神聖なるハーブ。鎮静・解毒作用のほか、妊娠のストレスを和らげる。

センブリ

千振　Swertia japonica

　弱きものを助ける

リンドウ科。山野に生える。日本全土に分布。ドクダミ・ゲンノショウコと並び、日本の三大民間薬の一つ。生薬名は当薬（トウヤク）。全草を薬用に使用するが、とても苦い。胃腸によく効く。

マムシグサ

蝮草 *Arisaema serratum*

🌸 壮大な美

サトイモ科。日本全土に分布。山野の湿った場所に生える。全草有毒。サポニンなどを含む。根茎を干したものは生薬の天南星（テンナンショウ）。

オトギリソウ

弟切草 *Hypericum erectum*

🌸 秘密・恨み

オトギリソウ科。山野に生える。日本全土に分布。基本的に薬草だが、毒性あり。その昔、この草を秘薬としていた兄が、秘密を漏らした弟を斬り殺したという。セイヨウオトギリソウも、薬効あるハーブ。

ムラサキケマン

紫華鬘　*Corydalis incisa*

ケシ科。日本全土に分布。木陰などに生える。プロトピンを含み、全草有毒。誤食すると、嘔吐・心臓麻痺などの症状がでる。近縁種に、黄色い花のキケマンがある。

 あなたの助けになる・喜び

クサノオウ

草（瘡）の王（黄）　*Chelidonium majus*

ケシ科。日本全土に分布。野原や林縁に生える。アルカロイドを含み、全草有毒。葉や茎を傷つけると、黄色い液が出る。皮膚病に効く薬草でもある。

 思い出・私を見つけて

バイケイソウ

梅蕙草

Veratrum album subsp. oxysepalum

寄り添う心

ユリ科。山菜のオオバギボウシとよく似ているため、誤食する危険性あり。全草に強い毒があり、嘔吐や手足のしびれ、めまいなどの症状が出る。

トウダイグサ

灯台草

Euphorbia helioscopia

地味・控えめ

トウダイグサ科。日本全土に分布。荒地や畑などに生える。全草有毒。葉や茎を傷つけると白い液が出て、皮膚がかぶれる。仲間のノウルシ、ナツトウダイも有毒。

ウマノアシガタ

馬の足形

Ranunculus japonicus

キンポウゲ科。山野に生える。花びらは光沢ある黄金色。別名キンポウゲ。可愛らしい花だが、全草有毒。茎や葉の汁に触れるとかぶれる。誤食すると、嘔吐や幻覚をひき起こす。

 栄光・子供らしさ・中傷

センニンソウ

仙人草

Clematis terniflora

キンポウゲ科。山野や道ばたに生える。十字型の白い花が美しい。葉や茎の汁は有毒。根は生薬になり、民間で葉を扁桃腺炎に使う。園芸種のクレマチスは近縁。

 あふれるばかりの善意

キツネノボタン

狐の牡丹　*Ranunculus silerfolius*

キンポウゲ科。川辺など湿った場所に生える。光沢ある黄色い小花を咲かす。全草有毒。茎や葉の汁がつくと皮膚がかぶれる。

だましうち・一人ぼっち

オキナグサ

翁草　*Pulsatilla cernua*

キンポウゲ科。うつむいた暗赤褐色の花を咲かす。全草にアネモニンと呼ばれる毒があり、葉や茎の汁に触れるとかぶれる。幻の野草とまで言われ、自生のものは絶滅寸前。

裏切りの恋・何も求めない

トリカブト

鳥兜 *Aconitum*

キンポウゲ科。山野に生える。ドクウツギ、ドクゼリと並んで日本三大有毒植物の一つ。全草アルカロイドを含み、非常に危険。ギリシア神話では、地獄の番犬ケルベロスのよだれから生まれたとされている。

フクジュソウ

福寿草 *Adonis ramosa*

キンポウゲ科。山野に生える。春を告げる黄色い花を愛され、園芸品種も多い。アドニンを含み、民間薬にもされるが毒性が強い。若芽をフキノトウと間違えて誤食する例あり。

ドクゼリ

毒芹
Cicuta virosa

あなたは私に死をもたらす

セリ科。日本三大有毒植物の一つ。水辺を好む。シクトキシンなどを含み、非常に危険。若い葉や花は山菜のセリに酷似。同時期に同じ場所に生えるので要注意。

ドクニンジン

毒人参
Conium

死も惜しまない

セリ科。ヨーロッパ原産だが、雑草化して日本全土に分布が広がる。毒性が高い。古代ギリシャで、ソクラテスの処刑に使われた。山菜のシャクと間違えて誤食した例あり。

スイセン
水仙
Narcissus tazetta var. chinensis

ヒガンバナ科。全草有毒。リコリン、シュウ酸カルシウムを含む。特に球根に毒成分が高い。皮膚炎、呼吸不全などを起こす。葉をニラと間違えて誤食する例があり。

 自惚れ（黄）・神秘（白）

タマスダレ
玉簾
Zephyranthes candida

ヒガンバナ科。南米原産の帰化植物。主に園芸用だが一部野生化。白い花が可憐。リコリンを含み、全草有毒。ニラ、ノビルと間違えて誤食する例も。

 汚れなき愛

イヌサフラン

犬サフラン　*Colchicum autumnale*

私の最良の日は過ぎた

イヌサフラン科。ヨーロッパ原産。鑑賞用に栽培。コルヒチンを含み、全草有毒。痛風の特効薬でもある。葉が、山菜のギョウジャニンニク、ギボウシと似ているので、要注意。

スズラン

鈴蘭　*Convallaria majalis*

幸福の再来

キジカクシ科。北海道・東北地方の山野に生える。全草有毒。若葉をギョウジャニンニクと間違えて、誤食する例あり。活けた水を飲んでも中毒を起こすほど、毒性は高い。

ハシリドコロ

走野老
Scopolia japonica

ナス科。山野に生える。アルカロイドを含み、全草有毒。幻覚などで錯乱し、走り回るという。汁液が目に入ると、瞳孔が開く。新芽を、フキノトウなどの山菜と間違えやすい。根は生薬のロート（莨菪）。

 殺したいほど愛しているわ

ヒヨドリジョウゴ

鵯上戸
Solanum lyratum

ナス科。山野に生える。つる性。秋に実る赤い果実が美しい。ソラニンなどを含み、全草有毒。民間療法として、解熱・鎮痛薬に使う。

 真実・すれ違い・期待

キダチチョウセンアサガオ

木立朝鮮朝顔　*Brugmansia*

🌸 遠くから私を想って

ナス科の低木。南米原産。花は下向きに開き、甘く香る。鑑賞用として人気。毒成分はハシリドコロと同じ。根をゴボウと間違えて誤食する例あり。別名エンジェルス・トランペット。

ジギタリス

Digitalis

🌸 隠されぬ恋・胸の思い

オオバコ科。従来はゴマノハグサ科。ヨーロッパ原産。独特の花は、妖精の指 狐の手袋などに例えられる。ジギトキシンを含み、全草有毒。心臓に強い作用がある。古くから薬草としても名高い。一部が野草化。

『草の辞典』に登場した花の多く
は雑草です。雑草というと、つまら
ない草、ありふれた草というイメー
ジですが、こうして並んだ写真を見
ていると、まるで宝石箱のようだと
思いませんか? 1センチに満たな
い小さな花も多く、遠くから何とな
く見ていたのでは気がつきませんが、
ズームアップするとこんなに美しく
輝いているのです。

ところで「雑草」とは何でしょう

か? 道ばたや空き地、畑など、ヒ
トが激しく荒らしている場所(攪乱
地)に生える植物です。本書をつく
るにあたって、草花の記述について
ご教授いただいた森田竜義氏(新潟
大学名誉教授・植物学)によると、
都市で見られる雑草の多くは、明治
以降に外国から侵入して野生化した
外来種(帰化植物)だそうです。
この本にヨーロッパ原産などと書
かれている草がそれに当たります。
輸入された穀物に種子が混じってい

たり、ヒトや荷物にくっついて来たり、観賞用や牧草として栽培していたものが逃げ出したり、侵入の方法はさまざまです。ハコベなど日本古来の雑草もありますが、これも農耕と共に渡来したと考える説が有力です。

雑草は逆境に強いたくましい草というイメージがあります。

道の敷石のわずかな隙間に生えたり、抜いても抜いても絶えることがないことから生まれたイメージでしょう。そのたくましさには、ある条件が必要です。それは、ヒトが荒らし続けることなのです。

雑草は強い光が好きな植物で、覆

われることを極端に嫌います。ヒトの活動によって植物の生育が困難な場所だからこそ、雑草は生えることができるのです。

大量のタネを風でまき散らしたり、タネが土に埋もれて何十年も生きていて光が当たると芽生えてくるか、ヒトの活動をすり抜けるさまざまな技を持ち合わせています。雑草はふしぎな植物なのです。

この本には、農村の草地や雑木林など里山・里地の草たちもたくさん載っています。ススキ、スミレ、ニホンタンポポ、カタクリなどです。そのような場所も草刈りや伐採など

ヒトの手が入っていますが、畑や都市の荒地と比べずっと自然度が高いので、そこに生える植物は雑草とは区別して扱ったほうがよいと思います。

里山・里地の草は、子どもたちが草遊びをしたり、童謡や和歌、俳句に歌われたり、食用や薬草として利用され、日本人が古来から親しんできたものです。

どの草にも名前があり、それを知ると自然はくっきりと見えてきます。「草が生えているな」と「ハコベとナズナが咲いているな」という感じ方は大違いなのです。

気に入った写真の花を探しに散歩に出かけてみませんか。もちろん、

季節と場所を選ばなければなりません。「道ばた」と書かれているものからはじめるとよいと思います。

見つかったら、インターネットで検索し他の画像も見て確認します。花の色や形だけでなく、葉の形やつき方にも注意して確認してくださ
い。写真を撮っておくとよいと思います。

こうして少しずつ知っている草を増やしていきます。名前のいわれや、食べられるのか毒なのかといった関連事項も読んでください。

知れば知るほど草探しが楽しくなること請け合いです。

2016年12月

本書で取りあげた193の草木を五十音順に配列し、花言葉とページ数を載せています。大きく扱った種は太字、そうでない種は細字にしてあり、花言葉で本文にないものを、☆マークで紹介しています。また、コラムのページは()で記しています。

References

参考文献

『学生版原色牧野日本植物図鑑』著:牧野富太郎 (北隆館)

『家庭でできる自然療法』著:東城由里子 (あなたと健康社)

『帰化植物の自然史』編著:森田竜義 (北海道大学出版会)

『元気になる手作り健康茶』監修:浜本義則 (主婦と生活社)

『四季の摘み菜12カ月』著:平谷けいこ (山と渓谷社)

『野遊びポケット図鑑』著:大海淳 (主婦の友社)

『野の草の手帖』監修:大場秀章 (小学館)

『野の花』写真:浅川トオル/文:森沢明夫 (角川書店)

『ハーブ・スパイスの事典』(成美堂出版)

『花言葉・花贈り』監修:濱田豊 (池田書店)

『花を愉しむ事典』著:J・アディソン/訳:樋口康夫・生田省悟 (八坂書房)

『みちくさの名前。−雑草図鑑』著:吉本由美 (NHK出版)

『身近な雑草のふしぎ』著:森昭彦/SBクリエイティブ (サイエンスアイ新書)

『身近な薬草活用手帖』監修:寺林進 (誠文堂新光社)

『野草で楽しむ散歩術』著:岡本信人 (ぶんか社)

『柳宗民の雑草ノオト』1・2　著:柳宗民 (毎日新聞社)

_____

『植物図鑑』著:有川浩 (幻冬舎文庫)

そのほか

Profile
プロフィール

───── 著 ─────

森乃おと

広島県福山市生まれ。俳人。

和の年中行事や手仕事の研究を行ない、

雑草と呼ばれる草花を愛好する。

著書に『七十二候のゆうるり歳時記手帖』(雷鳥社)

───── イラスト ─────

ささきみえこ

北海道帯広市出身。イラストレーター、刺しゅう作家、彫刻家。

画像素材：PIXTA (ピクスタ)

草 の 辞 典

野の花　道の草

2017年　1月30日　第一刷発行
2024年11月25日　第十二刷発行

著者	森乃おと
装丁・デザイン	増喜尊子
イラスト	ささきみえこ
編集	森田久美子
発行者	安在美佐緒
発行所	雷鳥社
	〒167-0043
	東京都杉並区上荻2-4-12
	TEL　03-5303-9766
	FAX　03-5303-9567
	http://www.raichosha.co.jp/
	info@raichosha.co.jp
	郵便振替　00110-9-97086
印刷・製本	シナノ印刷株式会社